城市重点消防安全
与火灾防控指引

郑国光 主 编

李晓林 唐 豹 龙 泉 副主编

中国财经出版传媒集团
中国财政经济出版社
·北 京·

图书在版编目（CIP）数据

城市重点消防安全与火灾防控指引/郑国光主编；李晓林，唐豹，龙泉副主编.--北京：中国财政经济出版社，2024.12.--ISBN 978-7-5223-3558-2

Ⅰ.TU998.1；X932

中国国家版本馆CIP数据核字第2024QL5770号

责任编辑：王芝文　　　　　　　　　责任印制：史大鹏
封面设计：南博文化

城市重点消防安全与火灾防控指引
CHENGSHI ZHONGDIAN XIAOFANG ANQUAN YU HUOZAI FANGKONG ZHIYIN

中国财政经济出版社 出版

URL：http://www.cfeph.cn
E-mail：cfeph@cfeph.cn

（版权所有　翻印必究）

社址：北京市海淀区阜成路甲28号　邮政编码：100142
营销中心电话：010-88191522
天猫网店：中国财政经济出版社旗舰店
网址：https://zgczjjcbs.tmall.com
中煤（北京）印务有限公司印刷　各地新华书店经销
成品尺寸：185mm×260mm　16开　16.5印张　280 000字
2024年12月第1版　2024年12月北京第1次印刷
定价：85.00元
ISBN 978-7-5223-3558-2
（图书出现印装问题，本社负责调换，电话：010-88190548）
本社图书质量投诉电话：010-88190744
打击盗版举报热线：010-88191661　QQ：2242791300

本书编辑委员会

主　　　编：郑国光

副　主　编：李晓林　唐　豹　龙　泉

执行副主编：张　洁　周文杰　徐　华

编委会委员：石　得　陈朝晖　景明洲　陈晓立　韩国卿

　　　　　　任金政　袁庆禄　李辉东　贺继宇　盛玉红

　　　　　　邵学民　索晓辉　刘　芳　代建林　李志远

　　　　　　刘学均　陆春岸　钟　林　曾嘉伟　薛靖昀

　　　　　　滕丹丹　籍一言　叶再宽　郭梦姬　王子鸣

　　　　　　王章蕴　王语彤

组织单位：中国灾害防御协会

支持单位：中华社会救助基金会

　　　　　中国平安保险（集团）股份有限公司

承办单位：中国灾害防御协会灾害风险保障分会

协办单位：中国平安财产保险股份有限公司

　　　　　中国平安财产保险股份有限公司江苏分公司

序言
（一）

着力提升基层防灾避险能力　携手共筑生命守护的防火墙

我国是世界上自然灾害最为严重的国家之一，灾害种类多、分布地域广、发生频率高、造成损失重，这是我国改变不了的基本国情。在全球气候变化背景下，极端天气气候事件趋多趋强，灾害的极端性和不确定性明显增大，防灾减灾救灾工作面临着更大的挑战。基层作为防范化解灾害风险的"最初一公里"和应对处置各类突发灾害事件的"第一道防线"，担负的防灾减灾救灾责任尤其重大。习近平总书记强调，要进一步提升基层应急管理能力，推动应急管理工作力量下沉、保障下倾、关口前移，有效防范化解重大安全风险，及时有力有效处置各类灾害事故，筑牢安全底板，守牢安全底线。2024年9月，中办国办印发《关于进一步提升基层应急管理能力的意见》（以下简称《意见》）就强化基层应急基础和力量，进一步提升基层应急管理"五个能力"建设提出21条措施，着力提升防范化解重大安全风险、及时应对处置各类灾害事故的能力，更好地保护人民群众生命财产安全和维护社会稳定。

为深入贯彻习近平总书记关于应急管理重要论述，学习贯彻党的二十大和二十届三中全会精神，切实推进基层防灾减灾救灾和应急能力建设，中国灾害防御协会牵头组织了《提升基层应急能力科普宣教》公益项目。

火灾防范一直是基层防灾减灾和应急工作的重要内容。火是人类生产生活中不可或缺的要素，但火灾也是给人类带来痛苦的恶魔，无情地吞噬着我们的家园，威胁着人民群众生命财产安全。看似遥远却又是时刻潜伏在我们身边的危险，已经无数次给我们敲响了警钟。为此，《提升基层应急能力科普宣教》公益项目第一项成果就是《城市重点消防安全与火灾防控指引》。这是一本面向社会公众普及火灾防范知识、提高公众安全意识的科普读物，以通俗易懂的方式，深入剖析火灾的危害与成因，全面解读火灾防控的多个环节。本书从家庭消防安全到企业安全防范，从火灾预警到初期灭火，从逃生自救到灾后重建，呈现了一幅全方位、多层次的火灾防范全景图。本书通过丰富案例的剖析、科学的原理阐释和实用的操作指南，引导社会公众树立科学的火灾防范观念，掌握有效的避险自救技能，最大限度地保护好自己、减少财产损失。

本书还深刻揭示了火灾防范的意义、社会责任的内涵。火灾不仅危害自己，也可能危及他人。因此，火灾防范不仅是个人或家庭的事，而且是全社会共同的责任。随着人们财富的不断增加和生活水平的提高，保险在灾害风险管理中愈加重要，促进保险业深度融入国家灾害治理体系成为新时代防灾减灾救灾的重要任务。《中共中央 国务院关于推进防灾减灾救灾体制机制改革的意见》提出，坚持政府推动、市场运作原则，强化保险等市场机制在风险防范、损失补偿、恢复重建等方面的积极作用，不断扩大保险覆盖面，完善应对灾害的金融支持体系。也要加快巨灾保险制度建设，逐步形成财政支持下的多层次巨灾风险分散机制。新修订的《中华人民共和国突发事件应对法》明确规定，国家大力发展保险事业，构建政府支持、社会力量广泛参与、市场化运作的巨灾风险保险体系。这些都为灾害保险和风险减量工作提供了很好的政策和法律支撑。因此，本书还强调了保险行业在灾害风险防范中重要作用，通过科学的预防措施和有效的风险管理，推进构建一个更加安全稳定的社会环境，以降低灾害损失、保障人民群众生命财产安全。

我衷心希望，本书不仅为读者提供实用的火灾防范知识，更能传递一种强烈的社会责任感。每位读者都能成为火灾防范的倡导者和实践者。《提升基层应急能力科普宣教》公益项目将陆续推出地震、台风、洪涝等灾害防控的科普读物。借此机会，我谨代表中国灾害防御协会对中华社会救助基金会、中国平安保险集团等相关单位对《提升基层应急能力科普宣教》公益项目的大力支持表示衷心的感谢！继续携手并进，共同筑起一道坚固的灾害防范屏障！

郑国光

二〇二四年十一月九日

中国灾害防御协会会长
应急管理部原副部长
原国家减灾委秘书长

序言
（二）

共筑平安防线，守护美好家园

随着社会经济发展和城市化进程的加速，城市消防安全问题日益凸显其重要性和紧迫性。火灾，这一无情的灾难，不仅威胁着人民群众的生命和财产安全，也对社会的和谐稳定构成了严峻挑战。因此加强城市消防火灾防控，提升全社会的消防安全意识和应急能力，显得尤为重要。

中国平安财产保险股份有限公司积极投身火灾风险减量服务体系的构建，本着"专业创造价值"的理念，与中国灾害防御协会共同编写了《城市重点消防安全与火灾防控指引》。本书的出版，旨在为广大读者提供一份专业、系统、易懂、实用的消防安全知识指南，助力城市消防安全建设，减少火灾事故的发生，保障人民群众的生命财产安全。

在编写过程中，我们充分借鉴了国内外先进的消防安全理念和技术手段，结合我国城市消防安全的实际情况，从安全现状分析、防范重点知识、应急理念及举措等多个角度进行了深入剖析和探讨。书中既有中国灾害防御协会、中央财经大学等相关专业学者对城市火灾防控的科学研究，也汇聚了平安产险多年来的承保经验、风控实践及理赔大数据等多维度分析成果。通过理论和实践相结合的方式，使读者能够更加直观地理解和掌握消防安全知识和应急技能。

希望通过这本书的出版，能够进一步推动城市消防安全事业的发展，提高全社会的消防安全意识和应急能力，切实做到"人人懂消防，个个会应急"。同时，我们也期待广大读者能够认真阅读本书，将所学知识运用到实际生活中去，共同为构建安全、和谐、美好的城市家园贡献自己的一份力量。

龙泉
二〇二四年十二月
平安产险党委书记、董事长兼CEO

Contents

目录

导言　进一步提升基层消防应急管理能力　　001

第一章　城市重点消防安全现状分析　　005

- 第一节　城市重点消防场所界定　　006
- 第二节　消防安全基础设施现状　　010
- 第三节　消防安全管理现状　　014
- 第四节　消防安全薄弱环节与挑战　　016
- 第五节　城市火灾事故特点与趋势　　020

第二章　火灾基本特性　　023

- 第一节　燃烧原理　　024
- 第二节　火灾的种类及其特性分析　　026
- 第三节　火灾的速度　　028
- 第四节　火灾的蔓延　　031
- 第五节　灭火机理　　034
- 第六节　烟火危害　　038

第三章　火灾防范重点知识　　041

- 第一节　火源分析管控 ·················· 042
- 第二节　危险可燃物分析管控 ············ 051
- 第三节　普通可燃物分析管控 ············ 053

第四章　火灾应急理念和行动　　055

- 第一节　火灾应急工作 ·················· 056
- 第二节　火灾应急任务应急处置工作 ······ 062
- 第三节　应急准备工作 ·················· 066
- 第四节　消防应急能力培训 ·············· 078

第五章　城市重点消防场所　　081

- 第一节　社区与住宅 ···················· 082
- 第二节　工业园区 ······················ 093
- 第三节　办公场所 ······················ 102
- 第四节　宾馆与酒店 ···················· 108
- 第五节　大型餐饮场所 ·················· 114
- 第六节　机动车停放及充电区域 ·········· 119
- 第七节　商场与商业综合体 ·············· 125
- 第八节　医院 ·························· 131
- 第九节　学校 ·························· 141
- 第十节　变电站：守护电力心脏的消防安全 ·· 148
- 第十一节　"九小场所" ·················· 154

第六章　国内外火灾形势报告　　163

- 第一节　全球火灾形势概览 ································ 164
- 第二节　国外火灾防控先进经验 ························ 170
- 第三节　中国火灾形势分析 ································ 172
- 第四节　国内外火灾防控对比与启示 ················ 175
- 第五节　面临的挑战与应对策略 ························ 179

第七章　火灾典型案例警示分析　　183

- 第一节　案例警示分析的重要性 ························ 184
- 第二节　案例选择与分类 ···································· 186
- 第三节　住宅火灾案例分析 ································ 188
- 第四节　商业建筑火灾案例分析 ························ 193
- 第五节　工业火灾案例分析 ································ 198
- 第六节　特殊类型火灾案例分析 ························ 204

第八章　安全与火灾防控建议　　211

- 第一节　发挥政府在城市消防安全与火灾防控的主导作用 ·········· 212
- 第二节　发挥学界在推进教育科研、技术创新中的引领和支撑作用 ·········· 220
- 第三节　充分调动企业、公众协同参与，提高消防安全意识 ·········· 224
- 第四节　积极推动保险创新及事前风险减量服务 ·········· 226

附录　简明消防安全管理知识　　231

参考文献　　252

导言

进一步提升基层消防应急管理能力

随着全球城市化进程的加速，消防安全已成为城市管理的重要议题。城市作为人口密集、经济活动频繁的区域，其消防安全不仅关系每一个居民的生命财产安全，更直接影响社会的稳定与经济的持续发展。在当前城市化快速推进的背景下，消防安全面临着前所未有的挑战。高楼大厦的林立、地下空间的开发利用、老旧城区的改造以及新兴风险源的不断涌现，都对城市的消防安全构成了严峻考验。

基层消防应急管理作为城市安全体系的重要组成部分，承担着火灾预防、应急救援和灾后恢复等多重任务。其能力的强弱直接关系到火灾事故的应对效率和损失控制程度。因此，加强基层消防应急管理能力建设，对于保障城市安全、维护社会稳定具有至关重要的意义。

本书旨在为我国城市消防安全管理提供全面、系统的指导，特别是针对基层消防应急管理能力的提升进行深入探讨。通过本书，我们希望能够为城市管理者、消防工作者以及广大市民提供有益的参考和借鉴，共同推动城市消防安全事业的持续发展。

一、我国消防安全管理现状与挑战

（一）法规政策概述

近年来，我国在消防安全管理方面取得了显著进展。《中华人民共和国消防法》等法律法规为消防安全管理提供了坚实的法律基础，同时，各地也根据实际情况，制定了相应的地方性法规和实施细则，进一步细化了消防安全管理的具体要求。这些法规政策的出台，为我国消防安全管理工作的规范化、制度化提供了有力保障。

（二）基层现状剖析

然而，在基层消防应急管理层面，仍存在一些不容忽视的问题。一方面，基层消防机构设置不尽合理，人员配备和资源配置相对不足。许多地区的消防站点布局不够科学，导致在火灾发生时，救援力量难以迅速到达现场。同时，消防人员的数量和素质也亟待提高，以满足日益增长的消防安全需求。另一方面，基层消防管理的信息化、智能化水平较低，缺乏先进的监测预警和应急救援设备，影响了火灾防控的效率和效果。

（三）面临挑战

随着城市化进程的加速和老旧城区的改造，新的火灾风险源不断涌现。高层建筑、地下空间、大型综合体等复杂建筑结构的增多，给火灾防控带来了极大困难。同时，新兴产业的发展和新能源的广泛应用，也带来了新的消防安全挑战。如何有效应对这些新情况、新问题，成为当前基层消防应急管理亟待解决的重要课题。

二、基层消防应急管理能力的重要性

（一）公共安全基石

基层消防应急管理是城市公共安全的基石。在火灾事故发生时，基层消防队伍往往是最先到达现场、实施救援的力量。他们的快速响应和有效处置，对于控制火势蔓延、减少人员伤亡和财产损失具有至关重要的作用。因此，加强基层消防应急管理能力建设，是提高城市公共安全水平的关键环节。

（二）灾害预防与减轻

早期预警和快速响应是减少火灾损失的重要手段。基层消防应急管理通过加强日常巡查、监测预警和应急演练等工作，能够及时发现并消除火灾隐患，降低火灾发生的概率。同时，在火灾发生时，基层消防队伍能够迅速响应、有效处置，防止火势蔓延和扩大，从而最大限度地减少损失。

（三）社会稳定与经济发展

良好的消防安全环境是保障社会稳定和经济发展的重要前提。火灾事故不仅会造成人员伤亡和财产损失，还会引发社会恐慌和不稳定因素。因此，加强基层消防应急管理能力建设，对于维护社会稳定、保障居民生活、促进企业运营具有重要意义。同时，良好的消防安全环境也能够吸引更多的投资和人才，推动城市的持续繁荣发展。

三、提升基层消防应急管理能力的策略与措施

（一）法规政策完善

为了进一步提升基层消防应急管理能力，我们需要不断完善法规政策体系。一方

面，要修订或新增相关法律法规，明确各级政府和相关部门在消防安全管理中的职责和义务，强化法律责任追究。另一方面，要加强法规政策的宣传和培训力度，提高基层消防工作者和广大市民的法制意识和安全意识。

（二）组织架构优化

构建高效协同的基层消防管理体系是提升应急管理能力的重要途径。我们要优化基层消防机构的设置和布局，确保在火灾发生时能够迅速响应、有效处置。同时，要加强部门间的协同配合和信息共享机制建设，形成合力共同应对火灾挑战。此外，还要加强基层消防队伍的建设和管理，提高队伍的整体素质和战斗力。

（三）技术装备升级

推广智慧消防技术、提升信息化和智能化水平是提升基层消防应急管理能力的关键手段。我们要加大技术装备的投入力度，引进先进的监测预警、应急救援和灾后恢复等设备和技术。同时，要加强技术研发和创新力度，推动智慧消防技术的不断发展和应用。通过技术手段的升级和应用，提高火灾防控的效率和效果。

（四）人员培训与激励

加强专业培训和激励机制建设是提高基层消防应急管理能力的重要保障。我们要建立健全培训体系，定期对基层消防工作者进行专业技能和安全知识的培训。同时，要建立有效的激励机制，激发基层消防工作者的积极性和创造性。通过培训和激励措施的实施，提高基层消防工作者的专业素质和应急能力。

（五）公众参与与教育

提升公众消防安全意识、促进社区共治是提升基层消防应急管理能力的有效途径。我们要加强消防安全宣传和教育力度，提高广大市民的消防安全意识和自救互救能力。同时，要加强社区消防建设和管理，推动形成政府主导、社会参与、群众自治的消防工作格局。通过公众参与和教育的加强，形成全社会共同关注、共同参与的良好氛围。

（六）应急预案与演练

制定针对性强的应急预案、定期开展实战演练是提高基层消防应急管理能力的重要手段。我们要根据实际情况制定完善的应急预案和处置流程，确保在火灾发生时能够迅速响应、有效处置。同时，要定期开展实战演练活动，检验预案的可行性和有效性，并根据演练结果进行及时调整和完善。通过应急预案的制定和演练活动的开展，提高基层消防应急管理的实战能力和应对水平。

四、未来展望与建议

（一）趋势预测

随着科技的不断进步和城市化进程的持续推进，消防安全管理领域将面临更多的机遇和挑战。未来，智慧消防技术将得到更广泛的应用和推广，为火灾防控提供更加强有力的技术支持。同时，随着人们对消防安全认识的不断提高和消防安全文化的深入人心，全社会将更加关注和支持消防事业的发展。

（二）政策建议

为了进一步提升基层消防应急管理能力，我们提出以下政策建议：一是进一步加大政府投入力度，增加基层消防机构的设置和人员配备；二是持续加强法规政策的宣传和培训力度，提高基层消防工作者和广大市民的法制意识和安全意识；三是推动智慧消防技术的研发和应用，提高火灾防控的信息化和智能化水平；四是不断加强社区消防建设和管理，逐渐形成政府主导、社会参与、群众自治的消防工作格局；五是加强国际交流与合作，学习借鉴国际先进经验和技术手段。

基层消防应急管理能力是城市安全体系的重要组成部分，对于保障城市安全、维护社会稳定具有至关重要的意义。我们要持续努力、不断探索和创新，共同构建更加安全的城市环境。通过本书的出版和推广，我们希望能够为推动我国城市消防安全管理事业的发展贡献一份力量，为构建安全、和谐、美好的城市生活贡献力量。

第一章

城市重点消防安全现状分析

第一节　城市重点消防场所界定

城市，作为人类社会发展的高级形态，不仅是人口密集的中心，也是经济活动最为频繁的区域。在这样的背景下，消防安全成为城市管理与规划中不可或缺的一环，它直接关系到人民生命财产的安全以及社会的稳定。因此，对城市中的重点消防场所进行科学合理的界定，是构建城市消防安全体系的基础。

一、社区与住宅

社区与住宅是城市居民生活的基本单元，也是消防安全管理的起点。这些区域通常包含大量的居民楼、公寓、别墅等，以及配套的公共设施如停车场、绿化带等。由于居民日常生活中用电、用火、用气频繁，加之部分老旧住宅存在线路老化、消防设施不完善或损坏等问题，使社区与住宅成为火灾易发、多发区域。因此，加强社区与住宅的消防安全管理，提升居民的消防安全意识与自防自救能力，是保障城市居民生命财产安全的重要措施。

二、工业园区

工业园区是指划定一定范围的土地，专门用于工业设施设置和使用的地区。这些区域通常是为了促进地方经济发展而设立，通过行政手段划出一块特定区域，聚集各种生产要素，进行科学整合，提高工业化的集约强度，突出产业特色，优化功能布局，使之成为适应市场竞争和产业升级的现代化产业分工协作生产区。

工业园区的设置不局限于传统的工厂和办公设施，还包括高科技产业、研究机构与学术机构的进驻。随着生态工业园概念的兴起，现代工业园区更加注重清洁生产、减少废物源，强调园区内各成员之间的联系、合作和参与，通过物质、能量、信息等交流形成各成员相互受益的网络，使园区对外界的废物排放趋于零，最终实现经济、社会和环境的协调共进。这些单位一旦发生火灾事故，极易造成重大经济损失或人员伤亡。

三、办公场所

办公场所作为城市经济活动的重要载体，通常集中了大量的人员、电器设备及易燃可燃材料，因此被界定为城市重点消防安全区域之一。办公场所的消防安全不仅关乎员工的生命安全，还直接影响企业的正常运营和社会经济的发展。

四、宾馆与酒店

宾馆与酒店是城市旅游与商务活动的重要载体，也是人员密集场所之一。这些区域通常拥有大量的客房、餐厅、会议室等，且装修豪华，用电量大。客人流动性大，对消防疏散设施的熟悉程度高低不一，加之部分宾馆与酒店可能存在消防管理不善、消防设施维护与保养不到位等问题，使得其成为火灾事故的高发区域。因此，加强宾馆与酒店的消防安全管理，提高员工的应急处置能力，是保障旅客生命财产安全的重要措施。

五、大型餐饮场所

大型餐饮场所因烹饪操作频繁而成为火灾高风险区。这些场所通常拥有大量的厨房设备、燃气管道、油烟管道等，且用餐人数众多，人员密集。烹饪过程中可能产生明火、高温油烟等，加之部分餐饮场所可能存在厨房管理不善、消防设施不足等问题，使得其成为火灾事故的高发区域。因此，加强大型餐饮场所的消防安全管理，提高员工的消防安全意识和应急处置能力，是确保餐饮行业安全稳定发展的重要保障。

六、机动车（含电动车）停放与充电区域

机动车（含电动车）作为城市交通体系的关键组成部分及居民日常出行的重要工具，因其集中停放、充电过程中潜在的电气火灾风险和燃油泄漏等安全隐患，被明确界定为城市消防安全的重点关注区域。有效管理此类区域（停车场）的消防安全，对于保障公共安全、减少财产损失具有重要意义。

七、商场与商业综合体

商场与商业综合体，作为都市生活的消费与娱乐枢纽，不仅是繁华的象征，也是人群高度集中的场所。这些综合体内囊括了琳琅满目的商铺、风味各异的餐厅以

及多姿多彩的娱乐场所，其内部装修往往追求奢华与现代化，因而伴随着大量的电力消耗。然而，在这繁华背后，隐藏着不容忽视的安全隐患。

商场内陈列的商品种类繁多，其中不乏易燃可燃之物，这无疑增加了火灾的风险。同时，这些场所人潮涌动，顾客的流动性极大，他们对消防设施的了解程度各不相同，难以在紧急情况下迅速作出正确反应。更为严峻的是，部分商场在消防管理上可能存在疏漏，消防设施的维护与保养未能得到应有的重视，这无疑为火灾事故的发生埋下了潜在的引线。

鉴于此，加强商场与商业综合体的消防安全管理，提升员工的应急响应与处置能力，已成为确保城市消费与娱乐环境安全不可或缺的一环。这不仅是对顾客生命财产安全的负责，更是对商业繁荣与社会稳定的有力保障。通过严格的安全管理、定期的消防演练以及先进的消防设施，我们可以有效地降低火灾风险，为顾客营造一个更加安心、舒适的购物与娱乐环境。

八、医院

医院是关乎民众生命健康的安全防线，也是消防安全管理的重点区域。医院内部通常拥有大量的病房、手术室、实验室等，且医疗设备众多，用电量大。由于医院内人员密集，且部分患者可能行动不便或需要特殊照顾，加之部分医院可能存在消防设施不足或损坏、疏散通道不畅等问题，医院在火灾事故中面临极高的风险，极易发生人员群死群伤的恶性事故。因此，加强医院的消防安全管理，完善消防设施，提高医护人员的消防安全意识和应急处置能力，是确保医院安全稳定运行的重要保障。

九、学校

学校是教育活动的场所，也是消防安全管理的重点对象。学校内部通常拥有大量的教学楼、宿舍楼、实验室等，且学生众多，用电量较大。由于中小学生年龄较小，对消防安全的认知有限，加之部分学校可能存在消防设施不全或损坏、消防应急演练不足等问题，学校在火灾事故中面临较大的风险。因此，加强学校的消防安全管理，提高教师与学生的消防安全意识，完善消防设施，是确保学校安全稳定发展的重要保障。

十、变电站

作为城市电力供应系统的核心设施,承担着电能转换与分配的重任,其内部含有大量的高压电气设备和易燃材料,一旦发生火灾,不仅会导致设备损坏、电力中断,还可能引发连锁反应,对周边区域乃至整个城市的供电安全构成严重威胁。因此,变电站被明确界定为城市消防安全中的重点防护区域,需采取严格的火灾预防措施和应急响应机制,确保电力设施的安全稳定运行。

十一、"九小场所"

"九小场所"指建筑面积300平方米以下的小商业网点、额定就餐人数100人以下的小餐饮场所、床位数50张以下的小旅馆,以及小型的公共娱乐、休闲健身、洗浴(美容)、医疗(养老)、教学、生产加工企业(家庭小作坊)等场所。虽然规模不大,但数量众多,广泛分布于城市及周边的各个角落。这些场所通常存在消防设施简陋、从业人员安全意识薄弱等问题,且员工流动频繁,对消防设施的熟悉程度高低不一。由于"九小场所"的火灾风险较高,且一旦发生火灾,可能造成较大的人员伤亡和财产损失;因此,加强"九小场所"的消防安全监管,提高人员的消防安全意识,完善消防设施,是确保城市消防安全的重要措施。

◉ 第二节 消防安全基础设施现状

城市消防安全基础设施是预防和应对火灾、保护人民生命财产安全的重要基石。本节将全面分析当前城市中消防安全基础设施的现状，包括消防站布局、消防水源、消防车通道、消防设施及装备等方面的内容，以期为后续章节提出针对性的改进建议奠定基础。

一、消防站布局现状

消防站的合理布局对于确保火灾的快速响应与灾情的有效控制至关重要。近年来，随着城市化进程的加速，多数城市已经依据人口密度、建筑类型以及火灾风险等级等关键因素，科学规划并建立了相应数量的消防站。然而，面对城市的快速扩张和人口密度的持续增长，消防站布局的挑战也日益凸显。

以近期新闻报道为例，某一线城市的新兴发展区，近年来大量高层建筑和商业综合体的涌现，导致该区域的火灾风险等级显著上升。然而，消防站的布局却未能及时跟上城市发展的步伐，部分区域消防站覆盖区域不足，响应时间过长。据统计，该区域平均消防响应时间为10.8分钟，超出国家规定的5分钟到达标准，给火灾初期的扑救工作带来了很大困难。

此外，部分老旧消防站也面临着设施老化、场地狭小等严峻挑战。这些消防站多建于20世纪，设计标准和设备配置已无法满足现代火灾救援的需求。例如，某市的老城区消防站，由于场地狭小，无法停放大型消防车辆，导致在应对高层建筑火灾时，救援设备无法及时到达现场，严重影响了救援效率。

更为严重的是，部分城市的消防站布局还存在不均衡的问题。一些高密度住宅区或工业区，由于历史规划原因，消防站数量明显不足，而相邻的低风险区域却拥有过多的消防资源。这种不均衡的布局不仅浪费了宝贵的消防资源，也不利于及时应对高风险区域的火灾风险。

消防站的合理布局，仍需进一步优化。城市管理者应密切关注城市发展动态，及时调整消防站布局规划，确保消防资源能够均匀覆盖城市的每一个角落。同时，对于老旧消防站，也应加大投入力度，进行必要的升级改造，以提升其救援能力和效率。

二、消防水源现状

消防水源作为火灾扑救的生命线，其重要性不言而喻。当前，我国大多数城市已经构建了以市政供水系统为核心，辅以天然水源、专用消防水池等多元化的消防供水体系，为火灾扑救提供了有力保障。

然而，在部分老旧城区、偏远地区或新开发区域，消防水源的现状仍不容乐观。据近期新闻报道，某市老旧城区由于基础设施建设滞后，消防水源严重不足，部分区域甚至存在室外消火栓无水可用的尴尬境地。而在一些新开发区域，由于规划前瞻性不足，消防水源分布不均，导致在火灾发生时，消防车辆需要长途跋涉寻找水源，严重影响了扑救效率。

此外，部分市政消火栓的维护状况也令人担忧。一些消火栓因年久失修，存在漏水、损坏等现象，不仅浪费了宝贵的水资源，更在紧急情况下无法发挥应有的作用。据统计，某市在去年因市政消火栓损坏或无水导致的火灾扑救延误事件高达数十起，给人民群众的生命财产安全带来了严重后果。

因此，加强消防水源的建设和维护工作刻不容缓。城市管理者应加大对老旧城区、偏远地区及新开发区域的消防水源建设投入，确保消防水源的充足和均匀分布。同时，应建立健全市政消火栓的定期维护和检查制度，及时发现并修复损坏的市政消火栓，确保其在紧急情况下能够正常使用。

三、消防车通道现状

畅通的消防车通道是确保消防车辆迅速到达火灾现场的前提。当前，城市规划中普遍重视消防车通道的设置，但在实际执行中，因城市规划调整、违章建筑、道路拥堵等原因，消防车通道被占用、堵塞的现象时有发生。特别是在老旧居民区、商业街区，狭窄的街道和密集的建筑群严重限制了消防车辆的通行能力，增加了救援难度。

四、消防设施及装备现状

消防设施与消防装备作为火灾防控与应急救援的两大支柱，各自承担着不同的角色，共同构筑起社会消防安全体系。为了更清晰地阐述其现状与问题，以下将分为"公共消防设施"与"消防救援装备"两小节进行讨论。

（一）公共消防设施

公共消防设施是指安装在建筑物内部及周边，用于预防、控制和扑灭初期火灾的各种固定设施。近年来，随着科技的不断进步，智能火灾报警系统、自动喷水灭火系统、气体灭火系统、应急照明与疏散指示系统等先进设施已广泛应用于各类建筑中，极大地提升了火灾防控的自动化和智能化水平。

然而，公共消防设施的配置不均衡问题依然突出。一些新建或改造的建筑往往能够按照最新的消防规范配备齐全的消防设施，但部分老旧建筑尤其是历史遗留建筑，由于建设时标准不高或后期改造困难，往往缺乏必要的消防设施或设施老化严重。此外，设施的日常维护保养也存在问题，部分单位或个人对消防设施的重视程度不够，缺乏定期的检测、维修和保养，导致设施在关键时刻无法发挥作用，降低了火灾防控的效能。

（二）消防救援装备

消防救援装备则是指消防救援队伍在执行灭火和应急救援任务时所使用的各种专业装备，包括消防车、灭火器材、破拆工具、高空救援设备、个人防护装备等。随着消防技术的不断发展，消防救援装备也在不断更新换代，向着更高效、更智能、更安全的方向发展。

尽管目前消防救援装备的整体水平有了显著提升，但在实际应用中仍存在一些问题。一方面，部分地区的消防救援队伍装备水平参差不齐，尤其是偏远地区或经济欠发达地区的装备相对落后，难以满足复杂多变的救援需求。另一方面，装备的使用和维护也存在一定问题。部分消防救援人员对新装备的操作使用不够熟练，影响了救援效率；同时，装备的维护保养工作也需进一步加强，以确保装备在关键时刻能够迅速投入使用。

无论是公共消防设施还是消防救援装备，都存在着配置不均衡、维护保养不到位等问题。为了提升社会的火灾防控能力和应急救援水平，需要进一步加强相关法规的制定和执行，加大投入力度，推动消防设施和装备的均衡发展；同时，也需要加强宣传教育，提高全社会的消防安全意识，共同维护社会的消防安全。

五、面临的挑战与对策

面对消防安全基础设施的现状，城市管理者需正视存在的问题，采取有效措施加以改进。包括：优化消防站布局，加强新建区域和重点区域的消防站点建设；增加消防水源，改善供水设施，确保消防用水充足；严格管理消防车通道，清理违章建筑，提高道路通行能力；加大消防设施投入，推动老旧设施升级换代，强化日常维护管理。同时，利用现代信息技术，如物联网、大数据分析等，提升消防设施的智能化水平，实现火灾的早期预警和高效处置。

消防安全基础设施的完善是城市安全发展的重要保障。通过持续的努力和改进，不断提升消防基础设施的建设和管理水平，将为构建更加安全、宜居的城市环境奠定坚实基础。

第三节 消防安全管理现状

消防安全管理工作是确保城市消防安全、预防火灾事故发生、减少火灾损失的重要保障。本节将深入分析当前城市消防安全管理工作的现状，包括法规政策、监管体系、责任落实、教育培训及应急机制等方面，旨在揭示存在的问题与挑战。

一、法规政策现状

近年来，随着国家对消防安全的重视，一系列消防法律法规相继出台，如《中华人民共和国消防法》《消防安全责任制实施办法》等，为城市消防安全提供了坚实的法律基础。这些法律法规明确了各级政府、部门、单位及个人的消防安全责任，规定了消防安全管理的基本要求。然而，在实际执行中，仍存在法规宣传普及不够、地方配套政策不完善等问题，影响了法规的有效实施。

二、监管体系现状

城市消防安全监管体系主要由消防、应急、公安、住建、市场监管等部门构成，负责消防安全的监督、检查、指导等工作。当前，多数城市已建立了较为完善的消防安全监管体系，但监管力量与任务不匹配、监管手段落后、信息共享不畅等问题依然突出。特别是在基层，消防监管人员不足、专业能力不强，难以对庞大的消防安全监管对象实施有效监管。

三、责任落实现状

消防安全责任制的落实是消防安全管理的核心。目前，多数城市已建立了以政府领导、部门监管、单位负责、群众参与的消防安全责任制体系。然而，在实际操作中，责任落实不到位、推诿扯皮、形式主义等问题时有发生。部分社会单位对消防安全工作重视不够，消防安全管理制度不健全，消防安全责任人、管理人职责不清，导致日常消防安全管理工作流于形式。这些单位一旦发生火灾，应急处置能力低下，往往会造成严重的后果与社会影响。

四、教育培训现状

消防安全教育培训是提高公众消防安全意识、增强自救互救能力的重要途径。当前,城市消防安全教育培训工作已取得一定成效,但仍存在覆盖面不广、针对性不强、效果不佳等问题。特别是针对高层建筑、大型商业综合体、化工企业等特殊场所的消防安全教育培训,缺乏系统性和针对性,难以满足实际工作需求。

五、应急管理机制现状

消防应急管理机制是应对火灾事故、减少损失的关键。当前,多数城市已建立了消防应急预案体系,但很多预案的针对性、可操作性及演练实效性有待提升。部分城市在火灾事故应急处置中,存在信息传递不畅、指挥协调不力、救援力量不足等问题,影响了应急救援的效率。

六、挑战与对策

面对消防安全管理与制度的现状,城市管理者需采取有效措施加以改进。首先,应加强法规政策的宣传普及,完善地方配套政策,提高法规的可操作性。其次,应加强消防安全监管体系建设,增加监管力量,提升监管手段,实现信息共享。再次,应严格落实消防安全责任制,明确各级责任,加强防火检查与隐患整改,确保责任落实到位。同时,应加强消防安全教育培训工作,提高公众消防安全意识,增强自救互救能力。最后,应完善消防应急工作机制,加强预案演练,提高应急处置能力。

消防安全管理与制度的完善是城市消防安全的重要保障。通过持续的努力和改进,不断提升消防安全管理与制度的水平,能为构建更加安全、和谐的城市环境奠定坚实基础。

第四节　消防安全薄弱环节与挑战

城市消防安全是维护社会稳定和保障人民生命财产安全的重要基石。然而，当前城市消防安全面临着一些薄弱环节和严峻挑战，这些都需要我们深入分析和积极应对。

一、消防安全的薄弱环节

1. 老旧建筑改造难度大，消防设施更新滞后

老旧建筑由于其建设年代较早，往往存在消防设施不完善、设计不合理等问题。这些建筑在改造过程中，由于历史遗留问题、资金不足、技术难题等多种原因，改造难度大，消防设施更新滞后（图1-1）。这些问题不仅给居民的生活带来不便，更给消防安全带来了极大的隐患。一旦发生火灾，后果将不堪设想。

图1-1　消防设施损害严重

2. 部分区域消防规划不合理，导致救援难度大

部分城市在发展过程中，由于历史原因或规划不当，导致消防规划不合理。一些区域消防车通道狭窄、消防水源不足、消防设施布局不合理等问题突出，给消防救援工作带来了极大的困难。在火灾发生后，消防车辆难以迅速到达现场，消防水源无法满足灭火需求，消防设施无法有效发挥作用，从而延误了救援时机，增加了火灾的损失。图1-2所示的防火间距不足即为典型问题。

3. 公众消防安全意识与自救能力参差不齐

公众消防安全意识与自救能力是城市消防安全的重要组成部分。然而，当前公众消防安全意识普遍不高，自救能力参差不齐。一些居民缺乏必要的消防安全常识，不会使用灭火器与室内消火栓、不会逃生自救，甚至在火灾发生时盲目逃生，导致人员伤亡事故频发。这反映出我们在消防安全宣传教育方面还存在不足，需要不断加强普及和提高。

4. 新兴领域（如新能源车）消防标准与监管体系尚不完善

随着科技的发展，新兴领域如新能源车等不断涌现，给城市消防安全带来了新的挑战。这些新兴领域在消防安全标准、监管体系等方面还存在不完善之处。例如，新能源电动汽车，电动车的

图1-2　防火间距不足

充电设施、锂电池安全等问题尚未得到有效解决，一旦发生火灾，后果将十分严重。图1-3所示的飞线充电是常见的火灾隐患。因此，我们需要加强新兴领域的消防安全研究和监管工作，确保这些领域的安全发展。

图1-3　飞线充电

5."九小场所"等小微经济体消防管理缺失

"九小场所"等小微经济体是城市经济的重要组成部分，但由于规模较小、管理不规范等原因，消防管理工作往往存在缺失。这些场所通常缺乏必要的消防设施、消防安全管理制度和应急预案，一旦发生火灾，将给人员和财产造成巨大损失。因此，我们需要加强对"九小场所"等小微经济体的消防管理工作，确保它们的安全运营。

二、消防工作面临的挑战

1.城市化进程加快，人口密度增加，火灾风险随之上升

随着城市化进程的加快，人口密度不断增加，城市火灾风险也随之上升。高层建筑、大型商业综合体等复杂建筑越来越多，这些建筑一旦发生火灾，将给救援工作带来极大的困难。同时，人口密度增加也导致了火灾发生时人员伤亡的风险增加。因此，我们需要加强城市消防安全规划和管理工作，提高城市的火灾防控能力。

2.气候变化导致极端天气频发,增加了火灾发生的不确定性

气候变化是全球性的问题,它导致了极端天气频发,如高温、干旱、暴雨等。这些极端天气条件增加了火灾发生的不确定性和风险性。例如,高温天气容易导致电线短路、电器故障等引发火灾;干旱天气则使得可燃物易于燃烧;暴雨天气则可能导致电气线路短路、漏电或雷击引发火灾。因此,我们需要加强气候变化对消防安全影响的研究和应对工作。

3.科技进步带来的新材料、新工艺也对传统消防技术提出了新的挑战

随着科技的进步,新材料、新工艺不断涌现,给城市消防安全带来了新的挑战。例如,一些新型建筑材料具有易燃、易爆等特性,给火灾防控带来了新的难题;一些新工艺在生产过程中可能产生高温、高压等危险因素,增加了火灾发生的风险。因此,我们需要加强新材料、新工艺的消防安全研究和管理工作,确保它们的安全应用。

当前城市消防安全面临着一些薄弱环节和严峻挑战。为了加强城市消防安全管理,保障人民生命财产的安全以及社会的稳定,我们需要深入分析这些问题和挑战的原因和根源,并采取相应的措施进行改进和完善。这包括加强消防安全宣传教育、提高公众消防安全意识与自救能力、完善消防规划和设施、加强新兴领域和加强对"九小场所"的消防管理工作、应对气候变化对消防安全的影响以及加强新材料、新工艺的消防安全研究和管理工作等。只有这样,我们才能构建一个更加安全、稳定的城市环境。

第五节　城市火灾事故特点与趋势

近年来，随着城市化进程的加速和人口密度的增加，城市火灾事故呈现出一些鲜明的特点和趋势。深入理解和分析这些特点和趋势，对于加强城市消防安全管理、减少火灾事故的发生具有重要意义。

一、电气火灾占比高

电气火灾是城市火灾事故中的主要类型之一，其占比多年来持续居高不下。这主要是由于老旧线路、不合格电器产品以及不当的电气使用方式等因素导致的。老旧线路由于使用年限长、绝缘性能下降，容易引发短路、漏电等问题，进而引发火灾。同时，市场上存在一些不合格的假冒伪劣电器产品，这些产品往往没有经过严格的质量检测和认证，存在安全隐患，使用后极易引发火灾。

二、居住场所火灾频发

居住场所是城市火灾事故的高发区域，尤其是夜间火灾造成的人员伤亡尤为严重。这主要是由于居民在夜间休息时，对火灾的警觉性降低，一旦发生火灾，往往难以及时发现和逃生。此外，一些居民在居住场所内使用明火、乱接电线、堆放易燃物品等危险行为，也增加了火灾发生的风险。

三、公共场所火灾影响大

公共场所如商场、酒店、餐厅等，由于人员密集、物品繁多，一旦发生火灾，往往会造成巨大的经济损失和社会影响。这些场所的火灾不仅会导致财产损失，还可能引发人员伤亡和恐慌情绪，对社会的稳定和秩序造成严重影响。

四、新能源车火灾逐渐增多

随着新能源电动汽车的普及和推广，火灾也逐渐增多。这主要是由新能源车的锂电池系统、充电设施等存在安全隐患，以及部分车主对新能源车的消防安全知识了解不足导致的。新能源车火灾的发生不仅会对车辆本身造成损坏，还可能引发周边建筑物的火灾，对人员和财产安全构成严重威胁。

五、城市火灾事故出现新趋势

城市火灾事故的趋势是一个复杂且多变的领域，受多种因素影响，包括经济发展、城市化进程、居民生活习惯、消防安全意识以及气候变化等。下面是对当前及未来一段时间内城市火灾事故趋势的一些分析。

1. 火灾数量与类型的变化

数量总体平稳，但局部地区波动。随着城市消防基础设施的不断完善和消防宣传教育力度的加大，整体火灾数量可能保持相对稳定或略有下降。但在一些经济快速发展、人口密度高的区域，火灾风险依然较高。

非传统火灾类型增多，随着新能源汽车、电动自行车的普及，以及高层建筑、地下空间的增多，这些领域成为火灾防控的新重点。新能源汽车电池、电动自行车充电引发的火灾事故时有发生，需要特别关注。

2. 起火原因多样化

电气故障仍是主要原因：电气线路老化、短路、超负荷运行等电气故障是引发城市火灾的主要因素之一。随着智能家电的普及与应用，电气火灾的风险可能进一步增加。

（1）生活用火不慎。居民在使用燃气、明火时不慎操作也是火灾的常见原因。随着生活水平的提高，家庭用火用气量增加，这一因素不容忽视。

（2）人为因素。吸烟、遗留火种、儿童玩火等人为因素也是火灾的重要原因。特别是在公共场所和住宅区域，这些行为可能引发严重后果。

3. 火灾时空分布特点

（1）时间分布。火灾高发时段通常集中在夜间和节假日，这些时段人们容易放松警惕，且用火、用电、用气量相对较大。此外，夏季高温天气和冬季取暖季节也是火灾易发期。

（2）空间分布。广泛分布在居住场所、商业网点、生产加工场所等人员密集、易燃物多的区域是火灾的高发地点。特别是高层建筑和地下空间，一旦发生火灾，扑救难度大，易造成重大损失。

第二章

火灾基本特性

第一节 燃烧原理

在各种灾害中,火灾是最经常、最普遍地威胁公众安全和社会发展的灾害之一。火灾是指在时间或空间上失去控制的燃烧所造成的灾害。新的相关标准中,将火灾定义为在时间或空间上失去控制的燃烧。

燃烧,这一自然现象,不仅是火灾发生的根源,也是许多工业过程和日常生活应用(如烹饪、取暖)的基础。它本质上是一种快速的氧化还原反应,伴随着光和热的释放。为了全面理解燃烧现象,必须深入探讨其发生的三个必要条件:可燃物质、助燃物(最常见的是氧气)以及点火源,这三者构成了燃烧的三要素,通常通过燃烧三角模型来直观表示。

一、可燃物质

可燃物质,即能够参与燃烧反应的物质,可以是固体、液体或气体。它们的共同特征是能够与氧化剂发生化学反应,释放出能量。不同可燃物的燃烧特性各异,如木材、煤炭等固体可燃物燃烧时往往产生较多烟雾和灰烬;汽油、酒精等液体可燃物则可能迅速蒸发并形成可燃气体,加速火势;而天然气、氢气等气体可燃物,一旦泄漏并遇到点火源,能迅速引发大规模火灾。

二、助燃物

助燃物,在大多数情况下指的是氧气,是燃烧反应中不可或缺的参与者。它提供了燃烧所需的氧原子,使可燃物质能够发生氧化反应,从而释放出能量。在没有足够氧气的情况下,即使存在可燃物质和点火源,燃烧也无法持续进行,这就是在密闭空间内火灾可能因氧气耗尽而自行熄灭的原因。

三、点火源

点火源,是启动燃烧反应的初始能量来源,它可以是明火、高温表面、电火花、化学反应热等多种形式。点火源的作用是将可燃物质加热到其燃点以上,从而触发燃烧反应。不同的可燃物质具有不同的燃点，因此所需的点火源能量也不同。例如，纸张的燃点较低，易被小火星点燃；而某些金属，如钛，即使在高温下也不易燃烧，需要更强烈的点火源。

四、三者协同作用

如图2-1所示，燃烧的发生，是可燃物质、助燃物和点火源三者相互作用的结果。当点火源提供的能量足够将可燃物质加热至燃点，并且有足够的助燃物（如氧气）供应时，燃烧反应便会被触发。这一过程中，可燃物质与助燃物发生剧烈的化学反应，释放出大量的热能、光能以及可能的有毒气体和烟雾。

图2-1 燃烧三角模型

燃烧原理的深入理解，不仅有助于我们认识火灾的成因，也为预防火灾、控制火势以及开发新型燃烧技术提供了理论基础。

第二节　火灾的种类及其特性分析

火灾是一种由于燃烧失控而引发的灾害，其类型和特性因燃烧物质的不同而有所差异。了解这些差异对于采取正确的灭火措施和预防措施至关重要。以下是对各类火灾的详细分析。

一、固体物质火灾（A类火灾）

燃烧物质：木材、纸张、布料等。

特性：这些物质在燃烧时通常会产生大量的烟雾和热量。烟雾不仅影响视线，还可能含有有毒气体，对人身安全构成威胁。

灭火方法：常用的灭火方法包括使用水、泡沫灭火剂或干粉灭火剂。这些方法可以有效地降低温度、隔绝氧气或破坏燃烧链。

二、液体或可熔化的固体物质火灾（B类火灾）

燃烧物质：汽油、柴油、石蜡、油脂等。

特性：这类火灾可能伴随喷射现象，火势蔓延迅速，且燃烧时可能产生有毒气体。

灭火方法：应使用泡沫灭火剂、干粉灭火剂或特定的液体灭火剂（如氟蛋白泡沫）。避免使用水，因为水可能使火势扩大。

三、气体火灾（C类火灾）

燃烧物质：天然气、液化石油气等。

特性：气体火灾扩散迅速，难以控制，且燃烧时可能产生高温和爆炸。

灭火方法：应迅速切断气源，并使用干粉灭火剂或惰性气体（如二氧化碳）进行灭火。避免使用水或泡沫灭火剂，因为这些方法可能无效或加剧火势。

四、金属火灾（D类火灾）

燃烧物质：镁、铝、钾、钠等活泼金属。

特性：金属火灾燃烧温度高，且可能产生剧烈的燃烧反应和爆炸。

灭火方法：应使用特定的金属灭火剂（如D类灭火剂）或干砂、石墨粉等进行灭火。避免使用水或常规灭火剂，因为这些方法可能加剧火势或引发爆炸。

五、带电设备火灾（E类火灾）

燃烧物质：电气设备、电线等。

特性：带电设备火灾在燃烧时可能产生电击危险，且火势可能因电流的存在而难以控制。

灭火方法：应首先切断电源，然后使用不导电的灭火介质（如二氧化碳、干粉灭火剂）进行灭火。避免使用水或泡沫灭火剂，因为这些方法可能导致触电危险或加剧火势。

六、烹饪火灾（F类火灾）

烹饪火灾，特指烹饪器具内由于烹饪物（如动植物油脂）引起的火灾。

燃烧物质：主要是油脂，具有高温易燃的特性，燃点一般在200℃-300℃之间。一旦油锅滚沸超过300℃，将会瞬间冒火，火势蔓延迅速。

灭火方法：油锅起火时，应迅速盖上锅盖或用湿抹布覆盖，以阻绝空气，使火熄灭。同时关闭炉灶燃气阀门，防止火势蔓延。切勿向油锅倒水灭火，因为冷水遇到高温油会"炸锅"，使油火到处飞溅，可能引燃厨房内的其他可燃物。若火势较大，无法自行处理时，应及时拨打119电话报警求助。

预防烹饪火灾：定期检查烹饪设备，确保无损坏，避免油脂泄漏，并保持清洁，减少油脂积累。在烹饪过程中注意火源控制，避免高温油脂溅出或接触火源。

不同类型的火灾具有不同的特性和灭火方法。因此，在应对火灾时，必须首先确定火灾的类型，然后选择合适的灭火方法和预防措施。同时，加强防火检查和应急演练也是减少火灾损失的重要措施。

● 第三节　火灾的速度

火灾，作为一种极具破坏力的自然灾害，其发展速度直接影响救援行动的时效性和成功率。深入理解火灾发展速度及其影响因素，对于预防火灾、控制火势蔓延以及实施有效灭火策略具有至关重要的意义。本节将详细探讨火灾发展速度受哪些因素影响，以及火灾发展的不同阶段特征。

一、影响火灾发展速度的主要因素

1. 可燃物的种类

不同物质的可燃性、燃烧速率和热释放速率差异显著。例如，液体燃料（如汽油）通常比固体材料（如木材）燃烧更迅速，因为它们能更快地蒸发并与空气中的氧气混合，形成可燃气体混合物。

2. 布局密度

可燃物的分布密度直接影响火势的蔓延速度。密集排列的可燃物为火焰提供了连续的燃料路径，加速了火势的扩展。相反，稀疏布局则可能减缓火势。

3. 通风条件

良好的通风可以促进氧气供应，加速燃烧过程。在封闭空间内，氧气供应受限，火灾发展速度可能较慢；而开放空间或强风条件下，火势可能迅速扩大。

4，初始火源强度

火源的初始能量大小直接决定了火灾初期的增长速率。高强度的初始火源能迅速加热周围可燃物，引发连锁反应，加速火灾发展。

5. 环境因素

温度、湿度等环境因素也会影响火灾速度。高温和干燥条件有利于火势蔓延，而低温和湿润环境则可能抑制火势。

二、火灾发展的不同阶段

火灾的发展通常经历三个主要阶段：初期增长阶段、充分发展阶段和衰减阶段。每个阶段都有其特点和灭火策略。

1. 初期增长阶段

特征：火灾刚刚发生，火势相对较小，局限于起火点附近。此时，烟雾和热量开始积累，但尚未形成大规模的火势蔓延。

灭火策略：此阶段是灭火的最佳时机。使用灭火器、消防水枪等简单设备即可有效控制火势，防止其进一步发展。

2. 充分发展阶段

特征：火势迅速扩大，火焰高度和温度显著增加，烟雾弥漫，可见度降低。此阶段，火灾已进入全面燃烧状态，火势难以用常规手段控制。

灭火策略：需要调用专业的消防救援人员和设备，如消防车、水炮等，进行大规模灭火作业。同时，应组织人员疏散，确保人员安全。

3. 衰减阶段

特征：随着可燃物的消耗和氧气供应的减少，火势逐渐减弱，火焰高度和温度下降。此阶段，火灾进入收尾阶段，但仍需警惕复燃风险。

灭火策略：继续加强灭火作业，确保火源完全熄灭。同时，进行火场清理和安全检查，防止复燃和坍塌等次生灾害。

为了更直观地展示火灾发展速度及其不同阶段特征，可以绘制一张火灾发展速度曲线图。如图2-2所示，图中，横轴表示时间，纵轴表示火势强度（如火焰高度、温度等）。

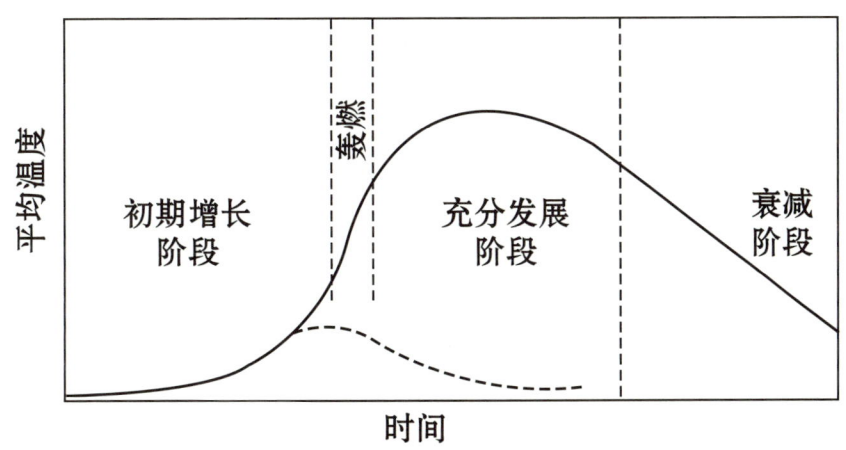

图2-2　火灾发展过程的三阶段图

火灾的发展速度受多种因素影响，了解这些因素以及火灾发展的不同阶段特征，对于制定有效的灭火策略和保障人员安全具有重要意义。在实际应用中，应结合具体情况进行综合分析，制定针对性的灭火和救援方案。

第四节　火灾的蔓延

火灾蔓延是火灾事故中极为关键的一环，它直接决定了火灾的影响范围和破坏程度。本节深入探讨火灾蔓延的机理、主要影响因素，以及如何通过科学合理的建筑设计和有效的防火措施来减缓或阻止火灾的蔓延。

一、火灾的过程与传递机制

火灾过程，它起始于某一特定的起火点，并随着火焰、高温烟气以及燃烧过程中释放的巨大热量，通过多种物理方式逐渐扩展到周围的可燃物质上。这一过程主要依赖于三种基本的热量传递机制：热传导、热辐射和热对流。

热传导：是指热量通过直接接触的物质之间传递，比如火焰直接接触并加热相邻的可燃物表面，使其温度上升到足以引发自燃的程度。

热辐射：是指热量以电磁波的形式向空间传播，无须介质。火焰和高温烟气发出的红外辐射能够远距离加热周围物体，特别是易燃材料，从而引发新的燃烧点。

热对流：是由于温度差异引起的空气流动。火灾中，热空气上升，冷空气流入补充，形成气流循环，这不仅加快了热量的传播，还可能携带燃烧产物（如火星）到更远的区域，引发新的火源。

二、影响火灾蔓延速度与方向的详细因素分析

1.风向的影响

（1）顺风方向。风能够加速火势的蔓延，因为它不仅提供了氧气支持燃烧，还通过增强对流作用，将热量和燃烧产物更快地带到下风区域，从而点燃更多可燃物。

（2）逆风或侧风方向。可能会减缓火势，因为风的阻挡减少了氧气的供应，同时，火焰和烟气的流动受到阻碍，降低了热量的传递效率。

2.建筑结构的作用

（1）开放式结构。如大型仓库、无隔断的厂房，由于缺乏有效的物理屏障，火

势容易迅速扩散，形成大面积的立体燃烧。

（2）密闭或分隔良好的结构。如安装了防火墙、防火门的建筑，能够有效隔离火区，限制火势的蔓延范围，为救援工作争取时间，减少财产损失。

3.材料导热性的重要性

（1）高导热性材料（如金属）：能快速吸收并传递热量，导致相邻材料迅速达到燃点，加速火势的扩展。

（2）低导热性材料（如石材、混凝土）：能有效阻隔热量传递，减缓火势蔓延，为人员疏散和灭火提供宝贵时间。

4.其他关键因素

（1）可燃物分布。建筑内可燃物的种类、数量及分布密度直接影响火灾的规模和蔓延速度。高度集中的可燃物区域易形成猛烈燃烧，难以控制。

（2）消防设施的设置。包括火灾报警系统、自动喷水灭火系统、消火栓、防火卷帘等，它们的存在和有效性对于初期火灾的发现、控制和防止蔓延至关重要。

（3）人员疏散情况。及时有效的疏散可以减少人员伤亡，同时避免因人员恐慌造成的混乱，为消防人员进入火场创造有利条件，间接影响火灾的最终控制效果。

火灾蔓延是一个多因素综合作用的结果，深入理解其机理及影响因素，对于提高火灾预防、应急响应和救援效率具有重要意义。

三、减缓或阻止火灾蔓延的措施

1.改善建筑设计

（1）采用防火材料。在建筑设计和施工中，应优先选用防火性能好的材料，如不燃材料、阻燃涂料、防火玻璃等。

（2）合理布局。通过合理的空间布局，减少可燃物之间的直接接触，降低火势蔓延的风险。

（3）设置防火分隔。在建筑内部设置防火墙、防火门、防火卷帘等防火分隔设施，将建筑划分为多个防火分区，以阻隔火势的蔓延。图2-3所示就是防火分隔的设置。

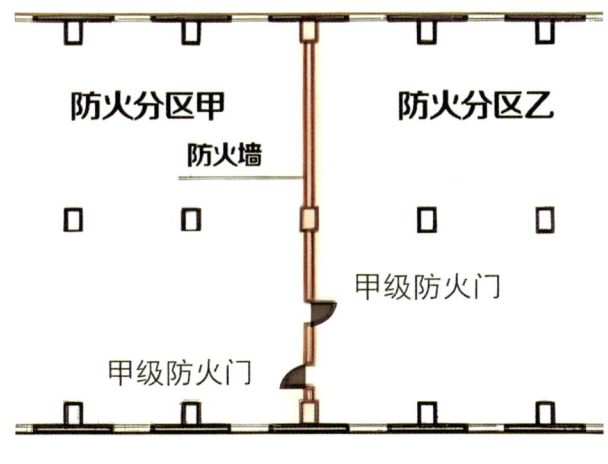

图2-3　防火分隔的设置

2.加强消防设施建设

（1）安装自动喷水灭火系统：在建筑内部安装自动喷水灭火系统，一旦发生火灾，系统能自动启动，及时喷水灭火，有效控制火势。

（2）配置消防器材：在建筑内各区域配置足够的消防器材，如灭火器、消火栓等，以便在火灾初期进行及时扑救。

3.提高人员疏散效率

（1）设置明确的疏散指示：在建筑内部设置明确的疏散指示标志，引导人员在火灾发生时迅速疏散。

（2）组织定期演练：定期组织人员进行火灾疏散演练，提高人员的疏散意识和自救能力。

4.加强火灾监控和预警

（1）安装火灾自动报警系统。在建筑内部安装火灾报警系统，一旦发生火灾，系统能迅速报警，提醒人员快速疏散和进行灭火作业。

（2）实施定期巡查与检查。管理人员要定期对建筑进行火灾隐患巡查与检查，及时发现并消除潜在的安全隐患。

阻止火灾蔓延是火灾事故中极为关键的一环。通过改善建筑设计、加强消防设施建设、提高人员疏散效率以及加强火灾监控和预警等措施，可以有效地减缓或阻止火灾的蔓延，降低火灾的破坏程度和人员伤亡风险。

第五节 灭火机理

灭火是消防救援工作的核心任务,而了解并掌握灭火的基本原理是有效实施灭火作业的基础。本节将细阐述冷却法、窒息法、隔离法和化学抑制法这四种主要的灭火机理,以及它们各自的应用场景和限制条件。

一、冷却法

1. 原理

冷却法是通过降低燃烧物的温度至其燃点以下,从而破坏燃烧的三要素(可燃物、助燃物、点火源)中的温度条件,达到灭火的目的。

2. 应用场景

冷却法广泛应用于固体物质的火灾,如木材、纸张等。这些物质在燃烧过程中会产生大量的热量,通过喷水或喷射其他冷却剂,可以迅速降低火场温度,熄灭火焰。

3. 限制条件

对于某些物质,如油脂火灾和电气火灾,冷却法可能不适用或效果不佳。油脂火灾在高温下可能溅射,而电气火灾则可能因水导电而引发触电危险。

如图2-4,就是采用冷却法灭火的事例。

图2-4 冷却法灭火

二、窒息法

1. 原理

窒息法是通过切断氧气供应，使燃烧因缺氧而熄灭。常用的窒息灭火剂有二氧化碳、氮气等。

2. 应用场景

窒息法适用于封闭或半封闭空间内的火灾，以及不宜用水扑救的火灾，如电气火灾、精密仪器火灾等。

3. 限制条件

窒息法需要足够的灭火剂来覆盖整个火场，并确保灭火剂能够有效地隔绝氧气。此外，对于大面积或开放式的火灾，窒息法可能难以实施。

如图2-5，就是采用窒息法灭火的事例。

图2-5　窒息法灭火

三、隔离法

1.原理

隔离法是通过移除或隔离可燃物，使燃烧因缺少可燃物而熄灭。

2.应用场景

隔离法适用于可燃物数量有限或可以轻易移除的火灾。例如，在森林火灾中，可以通过砍伐树木、清除杂草等方式创建防火隔离带，阻止火势蔓延。

3.限制条件

隔离法需要足够的资源和时间来移除或隔离可燃物。对于大规模或迅速蔓延的火灾，隔离法可能难以在短时间内实施。

如图2-6，就是采用隔离法灭火。

图2-6 隔离法

四、化学抑制法

原理：化学抑制法是通过使用特殊灭火剂，中断燃烧链反应，使燃烧因缺少化学反应而熄灭。

应用场景：化学抑制法主要应用于特定类型的火灾，如涉及易燃液体或气体的火灾。这些灭火剂能够迅速与火焰中的自由基结合，终止燃烧链反应。

限制条件：化学抑制法需要选用合适的灭火剂，如干粉等，并确保灭火剂能够充分接触到火焰。此外，对于某些物质，如金属火灾，化学抑制法可能无效。

如图2-7，就是采用化学抑制法灭火。

图2-7 化学抑制法

了解并掌握这四种灭火机理及其应用场景和限制条件，对于有效实施灭火作业、保护人民生命财产安全具有重要意义。在实际应用中，应根据火灾类型、火场环境和可用资源等因素，综合考虑并选择最合适的灭火方法。

◉ 第六节 烟火危害

火灾,这一突如其来的灾难,其破坏力远不止于物质财富的焚毁,更为严重的是它对人类生命安全构成的巨大威胁。本节将深入剖析火灾中烟火的主要危害,包括高温、毒气、烟雾导致的窒息以及建筑结构坍塌,并强调学习正确逃生与自救技能的重要性。

一、高温危害

火灾发生时,火焰和燃烧产生的热量会迅速升高周围环境的温度。高温不仅可以直接灼伤人体,还能引发一系列次生灾害,如热辐射导致的周围物体燃烧、爆炸等。在高温环境下,人体的耐受能力有限,长时间暴露极易导致中暑、热射病等严重后果,甚至危及生命。

二、毒气危害

火灾中,许多物质在燃烧过程中会释放出有毒气体,如一氧化碳、氰化氢、硫化氢等。这些有毒气体在空气中迅速扩散,即使是少量被人体吸入后,也会对呼吸系统、神经系统等造成严重损害,甚至导致窒息死亡。特别是在密闭或半密闭空间中,毒气浓度更高,危害更为严重。

三、烟雾导致的窒息

火灾产生的烟雾是另一个重要的危害因素。烟雾中含有大量的固体颗粒、液滴和有毒气体,它们会迅速弥漫在整个火场,降低能见度,影响人员疏散和灭火作业。更重要的是,烟雾中的有害物质被人体吸入后,会刺激呼吸道,引发咳嗽、呼吸困难等症状,严重时甚至导致窒息。

四、建筑结构坍塌

火灾中,高温和燃烧产生的热量会削弱建筑结构的承载能力,导致墙体裂缝、屋顶塌陷等。特别是在钢结构建筑中,高温会使钢材软化,失去支撑力,从而引发整个建筑的坍塌。建筑结构的坍塌不仅会造成人员伤亡，还会阻碍灭火救援行动的进行。

五、应对策略与自救技能

面对火灾中的烟火危害，学习正确的逃生与自救技能至关重要。以下是一些基本的应对策略。

1. 保持冷静

火灾发生时，首先要保持冷静，判断火势和烟雾的蔓延方向，选择安全的逃生路线。

2. 低姿态逃生

由于烟雾会向上飘动，因此在逃生时应尽量保持低姿态，如弯腰、匍匐前进等，以减少烟雾的吸入。

3. 使用湿毛巾或防烟面罩

使用防烟面罩或用湿毛巾捂住口鼻，可以过滤掉部分有毒气体和固体颗粒，减轻呼吸道的刺激。

4. 严禁使用电梯

在火灾中，电梯可能因电力中断或故障而停用，且电梯井道可能成为烟雾和火势蔓延的通道。因此，严禁使用电梯，应优先选择楼梯逃生。

5. 寻找避难所

如果无法立即逃生，应寻找相对安全的避难场所，如避难层、关闭门窗的房间、走廊尽头等，并尽量用湿毛巾或衣物堵住门缝、窗缝等缝隙，防止烟雾进入。

6. 及时报警

在逃生过程中或找到避难所后，应立即拨打火警电话报警，告知火场位置和火势情况，以便消防救援部门迅速展开救援。

第三章

火灾防范重点知识

第一节　火源分析管控

火灾，这一个无情的天灾人祸，其根源往往可以追溯至未被妥善管理的火源。火源，作为火灾发生的必要条件，其有效控制和管理是构建消防安全环境、预防火灾事故的首要任务。本节深入细致地探讨四种常见火源类型及其管控措施，以期为读者提供全面而实用的防火知识。

一、常见火源类型及其详细分析

1. 明火源

明火源，顾名思义，是指能够直接产生火焰的火源，它们构成了火灾发生的最直接威胁。常见的明火源包括但不限于以下几种情况。

（1）火柴与打火机。这些小型且便携的火源，虽然在日常生活中极为常见且使用方便，但若使用不当或疏忽大意，极易引发火灾。特别是打火机，其内含的易燃气体在高温或压力下可能爆炸，因此应远离热源和火源存放。

（2）燃气灶。作为单位食堂以及家庭厨房中烹饪的主要工具，燃气灶在使用过程中若操作不当，发生如燃气泄漏、火焰过大等情形，都可能引发火灾。因此，使用燃气灶时应保持通风良好，定期检查燃气管道和连接件，确保无泄漏。

（3）烟头与蜡烛。烟头在未完全熄灭时，其高温足以点燃可燃物，是常见的火灾隐患之一。因此，吸烟后应确保烟头完全熄灭并妥善处理。蜡烛则因其浪漫的氛围而广受喜爱，但若放置不当或无人看管，蜡烛火焰同样可能引燃周围物品，造成火灾。使用蜡烛时，应选择稳定的烛台，并远离易燃物，同时确保在离开时熄灭所有蜡烛。

如图3-1（1）（2）所示，就是生活中最常见的几种明火源。

图3-1（1） 明火源1

图3-1（2） 明火源2

2. 电火源

电火源是指由于电气故障或使用电气设备不当而引发的火源。这类火源往往具有隐蔽性和突发性，因此更需警惕。

（1）电气线路短路。当电气线路中的绝缘层破损或老化时，裸露的电线可能相互接触导致短路，产生高温和火花（金属熔珠），进而引发火灾。因此，应定期检查电气线路，及时更换破损的电线和插座。图3-2就是电器线路短路的示意图。

图3-2 电器线路短路示意图（只有一根电线放电，不是短路）

（2）过载。当电气设备功率超过电路承载能力时，会导致电路过热，甚至引发火灾。因此，应合理分配电路负载，避免在同一电路上连接过多大功率电器。图3-3就是电源插座过载燃烧。

图3-3　电源插座过载燃烧

（3）接触不良。电气设备插头与插座之间的接触不良可能产生过热，引发火灾。因此，应确保插头与插座紧密连接，避免使用损坏的插头或插座。

（4）动力电池燃烧。随着电动汽车和便携式电子设备的普及，动力电池的使用越来越广泛。然而，动力电池在充电、放电或存储过程中，如果由于过热、短路、机械损伤或制造缺陷等原因，可能会引发燃烧甚至爆炸。因此，应使用合格的动力电池和充电器，遵循正确的充电和使用方法，避免过度充电、高温环境存放或机械损伤，以确保动力电池的安全使用。图3-4就是电动自行车电池燃烧。

图3-4 动力电池燃烧

3.化学火源

化学火源是指那些由于特定化学反应过程中释放出的热量或生成的可燃气体所触发的火源。这类火源通常与危险化学品的存储、处理和使用紧密相关,其潜在的危险性不容忽视。

(1)自燃物质。自燃物质是指那些在常温常压条件下,不需外部火源即可与空气中的氧气发生缓慢氧化反应,逐渐积累热量,当温度达到其自燃点时,便会自行燃烧的物质。这类物质包括但不限于某些有机过氧化物、金属、有机化合物等。图3-5显示的是秸秆自燃。

图3-5　农作物秸秆自燃

鉴于自燃物质的特性，它们必须被严格存储在阴凉、通风且干燥的环境中，以减缓氧化反应速率。同时，应确保存储区域远离任何形式的火源和热源，包括明火、电热设备以及直射阳光等，以防止意外触发自燃。

除了正确的存储外，还应定期检查自燃物质的包装是否完整，有无泄漏迹象，并配备相应的火灾预警和灭火设施。

（2）氧化剂。氧化剂是指那些具有强烈氧化性，能够与其他物质（尤其是可燃物）发生剧烈氧化还原反应，释放出大量热量并可能导致火灾或爆炸的化学物质。常见的氧化剂包括高锰酸钾、氯酸钾、过氧化氢等。

由于氧化剂的高反应性，它们必须被单独存储，远离可燃物、还原剂以及其他可能引起危险的物质。存储区域应保持良好的通风，以降低空气中可燃性气体或粉尘的浓度，同时确保有足够的空间以便在紧急情况下进行安全处理。

在处理和使用氧化剂时，工作人员应穿戴适当的个人防护装备，如防护服、手套和面罩。此外，应建立严格的操作规程，包括限量领取、即时使用完毕并妥善处置剩余物料，以及定期的安全培训和应急演练。

4.辐射火源

（1）高温物体。高温物体作为辐射火源的一种，常见的包括未充分冷却的焊接件、刚从熔炉中取出的炽热金属碎片、高温运行的机械设备部件等。这些物体由于自身温度极高，能够向外辐射大量的热能。

当这些高温物体与可燃物（如木材、塑料、布料等）近距离接触或处于其辐射范围内时，可燃物吸收辐射热后温度逐渐升高，最终达到其燃点而引发火灾（如图3-6所示）。

为了预防由高温物体引发的火灾，必须采取一系列安全措施。首先，处理高温物体时应使用专门的隔热工具和设备，如钳子、手套和防护服，以减少人员直接接触的风险。其次，应确保高温物体周围没有可燃物，或设置有效的隔热屏障，以阻断热辐射的传播路径。此外，定期检查和维护相关设备，确保其处于良好状态，也是预防火灾的重要环节。

图3-6　高温焊渣引起纸张燃烧

（2）太阳光聚焦。当阳光通过凸透镜等光学元件时，由于光的折射作用，光线会被聚焦到一个很小的区域内，形成高温焦点（图3-7）。这个焦点的温度可以迅速升高到足以点燃纸张、树叶等可燃物的程度。

在户外环境中，如果凸透镜等物品被随意放置且正对阳光，特别是当它们靠近可燃物时，就构成了极大的火灾隐患。此外，一些装饰性的镜面或光滑表面也可能在特定条件下产生类似的聚焦效果。

为了避免太阳光聚焦引发的火灾，应加强对相关物品的管理和监控。首先，不要将凸透镜、放大镜（纯净水瓶）等具有聚焦功能的物品放置在阳光直射且易于接触可燃物的地方。其次，对于户外设置的镜面或光滑表面，应进行合理的布局和设计，纯净水瓶不要放置在车辆驾驶室的前台或随意丢弃在草坪上，以确保它们不会成为火灾的起火因素。此外，提高公众的火灾防范意识，教育人们识别并远离潜在的辐射火源风险点，也是减少火灾发生的重要途径。

图3-7　太阳光聚焦引起燃烧

二、火源管控的综合措施

针对上述四种常见火源类型——明火源、电火源、化学火源及辐射火源，我们可以采取以下更为详尽的综合措施进行全面管控，以确保消防安全。

1. 加强宣传教育

（1）通过媒体宣传、社区讲座、学校教育等多种渠道，普及火灾的成因、危害及预防措施，增强公众的防火意识和自救能力。

（2）对特定行业（如化工、电气、餐饮等）从业人员进行专业的消防安全培训，确保他们掌握正确的火源管理方法和应急处理技能。

（3）分享真实火灾案例，分析火灾发生的原因和教训，警醒公众注意火源安全。

2. 定期检查与维护

（1）定期对电气线路、开关、插座、变压器等进行检查，及时更换老化、破损的电线和部件，防止短路和过载。

（2）对燃气管道、阀门、燃气灶等进行定期检查，确保无泄漏，同时安装燃气泄漏报警装置。

（3）对存储自燃物质、氧化剂等危险化学品的场所进行定期检查，确保存储条件符合安全要求，及时处置过期或不合格的化学品。

（4）定期检查消防设施（如灭火器、消火栓、烟雾报警器等）的完好性和有效性，确保其能在紧急情况下正常使用。

3. 合理布局与分隔

（1）将易燃、易爆物品存放在指定区域，远离火源和热源，设置明显的警示标志。

（2）在建筑内部设置防火墙、防火门、防火卷帘等，将不同功能区域进行有效分隔，防止火势蔓延。

（3）确保建筑内有足够数量和宽度的安全出口和疏散通道，保持通道畅通无阻，便于人员逃生。

4. 配备消防设施

（1）在易燃易爆场所、重要设备区、人员密集区等关键部位，配备足够数量的灭火器、消火栓、消防沙箱等基础消防设施。

（2）对于高风险区域，如化学品仓库、油库等，应安装自动喷水灭火系统、泡沫灭火系统、气体灭火系统等先进灭火设备。

（3）设置应急照明灯和疏散指示标志，确保在火灾发生时能提供足够的照明和指引；同时，配备应急通信设备，以便与外界联系求援。

5.制定应急预案

（1）明确火灾应急指挥机构、救援队伍和后勤保障人员的职责和任务。

（2）建立火灾报警和应急通讯系统，确保火灾信息能够及时、准确地传递。

（3）制定详细的火灾现场处置方案，包括初期火灾扑救、人员疏散、物资抢救等措施。

（4）定期组织火灾应急演练，检验应急预案的有效性和可行性；根据演练结果，及时调整和完善应急预案。

通过上述综合措施的实施，我们可以有效降低火灾发生的概率，减少火灾造成的损失，保障人民生命财产的安全。

◉ 第二节 危险可燃物分析管控

危险可燃物，因其独特的易燃、易爆或毒性特性，一旦管理不当，便可能成为火灾事故的催化剂，极大地增加火灾的严重性和救援的复杂性。因此，对危险可燃物的深入分析和严格管控，是预防火灾、保障人员安全和环境安全的关键环节。

一、危险可燃物分类及其特性

1.易燃液体

易燃液体，如汽油、酒精等，具有低闪点、易挥发的特性，遇火即燃，甚至可能在常温下就因蒸发产生的蒸气与空气混合后形成爆炸性混合物（图3-8）。这类物质在储存、运输和使用过程中，必须严格遵守安全操作规范。

图3-8 常见的危险易燃液体

2. 易燃气体

易燃气体，如氢气、甲烷等，与空气混合后极易形成爆炸性混合物，一旦遇到火源或高温，就会发生爆炸。因此，对于易燃气体的管理，必须高度重视其泄漏风险和爆炸潜力。

3. 爆炸品

爆炸品，如炸药、雷管等，对冲击、高温等外界条件极为敏感，一旦受到触发，就会发生爆炸，造成巨大的人员伤亡和财产损失。因此，爆炸品的储存、运输和使用必须严格遵守国家法律法规和安全标准。

4. 有毒物质

部分可燃物在燃烧时会释放有毒气体，如氯气、氰化氢等，这些气体对人身安全构成极大威胁。因此，在处理这类物质时，必须采取严格的防护措施，防止有毒气体泄漏和扩散。

二、管控策略与实施细节

1. 严格管理

为了有效控制危险可燃物的风险，必须建立详细的危险可燃物清单，实行许可制度，确保只有经过授权的人员才能接触和使用这些物质。同时，应限制存储量，定期进行盘点，确保账物相符，及时发现和消除安全隐患。

2. 安全存储

根据危险可燃物的性质，选择合适的存储地点和容器至关重要。存储地点应远离火源、热源和人员密集区域，保持良好的通风条件。容器应选用耐腐蚀、耐高压的材料，确保密封性能良好，防止泄漏。

3. 应急准备

针对危险可燃物可能发生的泄漏、火灾等紧急情况，必须制定详细的应急预案，并定期进行演练，确保员工熟悉应急处置流程，能够迅速、有效地应对突发事件。

危险可燃物的分析管控是一项复杂而细致的工作，需要综合运用多种手段和方法，从源头抓起，全过程控制，确保人员安全和环境安全。通过本节内容的深入细致论述，希望能够帮助读者全面了解危险可燃物的分类、特性和管控策略，提高防火意识和应急处置能力。

● 第三节　普通可燃物分析管控

在日常生活中，除了危险可燃物外，还有许多普通物品，如纸张、木材、塑料等，它们同样具有易燃性，是火灾中的重要燃料。这些普通可燃物虽然看似无害，但一旦管理不当，就可能引发火灾，造成人员伤亡和财产损失。因此，对普通可燃物的分析管控同样至关重要。

一、普通可燃物特性

1.易燃性

普通可燃物的易燃性是其最显著的特性之一。不同材质的可燃物燃点不同，但多数在常见火源下容易被引燃。例如，纸张的燃点相对较低，一旦接触到明火或高温物体，就会迅速燃烧起来。而木材和塑料虽然燃点稍高，但在一定条件下，如氧气充足、温度足够高时，也会发生燃烧。

2.燃烧速度

普通可燃物的燃烧速度受多种因素影响，包括材质、湿度、氧气浓度等。一般来说，材质越干燥、氧气浓度越高，燃烧速度就越快。此外，可燃物的堆积方式和通风条件也会对燃烧速度产生影响。例如，如果可燃物堆积紧密、通风不良，燃烧时可能会产生大量的烟雾和有毒气体，从而加剧火势的蔓延。

二、日常管控措施

1.清洁整理

定期清理易燃杂物是预防火灾的重要措施之一。通过清洁整理，可以消除潜在的火灾隐患，降低火灾发生的概率。在家庭和工作、生产经营场所中，应定期清理堆积的纸张、木材、塑料等可燃物，保持工作与生活区域的整洁。同时，还应注意清理厨房、卫生间等易产生油污和湿气的区域，防止可燃物因受潮而降低燃点，增加火灾风险。

提供家庭和工作场所的清洁检查清单，列出需要定期清理的区域和物品，以及清理的方法和注意事项。这有助于读者更好地执行清洁整理工作，确保工作生活区域的安全。

2. 分隔存放

将可燃物与火源有效隔离是预防火灾的另一项重要措施。通过设置防火间距和分隔存放，可以阻止火势的蔓延，降低火灾的损失。在仓库、车间等存放大量可燃物的场所中，应合理规划存储区域和火源位置，确保可燃物与火源之间保持足够的安全距离。同时，还应使用防火墙、防火门等防火设施进行分隔和隔离，以提高建筑物的防火性能。

通过展示仓库内可燃物与火源的安全距离示意图，以及防火墙、防火门等防火设施的设置要求和作用原理。这有助于读者更好地理解分隔存放的重要性和实施方法。

3. 教育培训

提高公众对可燃物危险性的认识是预防火灾的关键环节之一。通过教育培训，可以教授公众基本的防火知识和应急处置技能，提高他们的防火意识和自救能力。在家庭、社区、学校、企业等场所中，应定期开展防火宣传教育活动，向公众普及防火知识、火灾案例警示教育和应急处置方法。同时，还可以利用在线防火教育课程和宣传材料等资源，为公众提供更加便捷和全面的学习途径。

4. 烟雾探测与报警

安装并维护烟雾探测器是早期发现火情、及时报警的重要措施之一。烟雾探测器可以实时监测空气中的烟雾浓度，一旦发现异常情况，便会自动触发报警装置，提醒人们迅速撤离并采取相应的应急处置措施。在选择烟雾探测器时，应考虑其灵敏度、稳定性、可靠性等因素，并确保其符合国家标准和消防安全要求。同时，还应定期对烟雾探测器进行检查和维护，确保其处于正常工作状态。

[小知识]

独立式感烟火灾探测器

独立式烟感探测器一般通过9V叠层电池直接供电，安装使用方便，可以实现独立探测、独立报警，不需和火灾报警控制器连接。它能够探测火灾时产生的烟雾，及时发出报警。可广泛用于居民住宅等小场所，进行火灾安全监测。

第四章

火灾应急理念和行动

第一节　火灾应急工作

在城市的快速发展与扩张中，火灾作为一种突发性强、破坏性大的灾害，对城市居民的生命财产安全构成了严重威胁。因此，火灾应急不应仅仅被视为对突发事件的被动响应，而应是一种全面融入城市规划、建筑设计、日常生活及公众意识中的综合安全策略。本节将深入细致地论述火灾应急的三大工作理念。预防为主、综合治理、全员参与。

一、预防为主——构建火灾防控的坚固防线

预防为主作为火灾应急工作的核心理念，其重要性不言而喻，它着重于通过前瞻性的策略与措施，从根本上削弱火灾发生的可能性，将潜在的风险降至最低水平。这一原则在实践中主要体现在以下几个细致入微的方面。

（一）科学合理的消防设计

在城市规划与建筑设计的初期阶段，就必须将消防安全视为不可或缺的一部分。这包括精心规划建筑群的布局，确保每栋建筑之间保持足够的安全距离，以便在紧急情况下消防车辆能够迅速到达并有效展开救援。同时，确保消防车通道的宽度、高度及转弯半径符合标准，保持其全天候畅通无阻，为消防救援提供便利。此外，还需根据建筑物的规模、用途及人员密集度，合理配置消防设施，如增设消防栓、安装自动喷水灭火系统、火灾报警系统等，形成一套完整的预防与处置体系。在建筑材料的选择上，应优先考虑那些具有优良防火性能的材料，如使用阻燃涂料、防火玻璃等，以提升建筑物的整体耐火等级，为人员疏散和消防救援赢得宝贵时间。

（二）严格的火源管理

鉴于火源是引发火灾的直接因素，对其的管理必须严格而细致。这涉及对易燃易爆物品的严格监管，包括存储条件的审查、使用量的控制以及定期的安全检查，确保这些物品远离火源和高温环境。同时，公共场所应明确禁止吸烟，设置专门的

吸烟区，并加强监管，防止随意丢弃烟蒂引发火灾。对于电气线路的安装和使用，必须遵循国家相关规范，定期进行维护和检测，避免因线路老化、短路等问题导致的火灾事故。

（三）定期的安全检查

建立健全的消防安全检查机制是预防火灾的关键一环。这要求相关部门和单位制定详细的检查计划，定期对公共场所、企事业单位及居民住宅进行全面的消防安全检查。检查内容应涵盖消防设施的有效性、消防通道的畅通性、电气线路的安全性以及员工和居民的消防安全知识掌握情况等，确保及时发现并纠正存在的安全隐患，防止火灾事故的发生。

（四）公众教育

提升公众的消防安全意识和自救互救能力是预防火灾不可或缺的一部分。政府和社会各界应共同努力，通过举办消防安全讲座、展览、演练等多种形式的活动，向公众普及火灾的危害性、预防措施以及基本的灭火技能和逃生方法。特别是要加强对学校、社区、企业等重点区域的宣传教育，让每个人都成为消防安全的参与者和守护者，共同营造一个安全和谐的生活环境。

预防为主不仅是一项原则，更是一套系统的、全方位的策略，它要求我们从设计、管理、检查到教育等多个维度出发，共同构建起一道坚实的火灾防控防线。

二、综合治理——构建多方协同的火灾防控体系

综合治理作为火灾防控的重要策略，其核心在于强调政府、企业、社区及个人等多方面的紧密合作与协同，以形成从源头到末端的全链条安全管理机制，确保火灾风险得到有效控制。这一理念的实施与深化，需要以下几方面的共同努力与细致工作。

（一）政府统一领导

政府在综合治理中扮演着至关重要的角色。首先，各级政府应依据国家法律法规，结合本地实际情况，制定和完善消防安全法规和政策体系，为火灾防控工作提供坚实的法律基础。这包括但不限于明确各级政府部门、企事业单位及个人的消防安全责任，规定具体的防火措施、应急预案及处罚措施等。同时，政府部门应加强监管力度，通过定期检查、随机抽查、专项整治等方式，确保各项消防安全规定得

到有效执行。此外，各级政府还应加大对消防基础设施建设的投入，如设立微小型消防站（图4-1），提升消防队伍的装备水平和应急响应能力。

图4-1　城市微型消防站

（二）企业全面负责

企业作为生产经营活动的主体，必须承担起消防安全管理的主体责任。这要求企业建立健全的消防安全管理制度，明确各级管理人员的消防安全职责，落实消防安全责任制。企业应定期组织员工进行消防安全培训，提高员工的消防安全意识和自救互救能力。同时，企业还应加强生产现场的消防安全管理，确保生产设备、工艺流程及存储条件符合消防安全要求，防止因操作不当或设备故障引发火灾事故。

（三）社区积极参与

社区是居民生活的重要场所，也是火灾防控工作的重要一环。社区应积极参与火灾防控工作，组织居民开展形式多样的消防安全宣传教育、演练等活动（图4-2），提高居民的消防安全意识和自救能力。社区还应建立健全的消防安全管理制度，明确社区工作人员及居民的消防安全责任，加强社区内的消防安全巡查和隐患排查工作。同时，社区应加强与政府、企业部门等各方的沟通协调，共同构建消防安全防线，实现资源共享、信息互通和优势互补。

图4-2　社区消防安全宣传

（四）公民个人自律

每个人都是消防安全的重要参与者，个人的行为习惯直接关系到火灾风险的高低。因此，每个人都应自觉遵守消防安全规定，不随意乱丢烟蒂、乱接电线等，防止因个人不当行为引发火灾事故。同时，个人还应加强消防安全知识的学习和掌握，了解基本的防火知识和灭火技能，发现火灾隐患时及时报告并采取有效措施进行处置。通过个人的自律和行动，为火灾防控工作贡献自己的力量。

综合治理强调政府、企业、社区及个人等多方面的协同合作与共同努力，以形成全方位、多层次的火灾防控体系。只有各方面都切实履行起自己的责任和义务，才能确保火灾风险得到有效控制，保障人民群众的生命财产安全。

三、全员参与——构筑火灾预防的坚固人民防线

全员参与作为火灾预防工作的至高追求，旨在将每一个个体都纳入到火灾预防与应急响应的体系中来，使之成为火灾预防的积极参与者和应急响应的第一线行动者。这一理念的深入实践与广泛推广，需要以下几方面的全面推动与细致落实。

（一）提高公众认知

公众认知是火灾预防的基础。通过电视、广播、网络、社交媒体等多种渠道，广泛开展消防安全宣传教育，让公众深刻理解火灾的严重危害性和预防的重要性。宣传内容应涵盖火灾的成因、预防措施、逃生自救技巧等，以生动案例和形象化教学提高公众的消防安全意识和责任感。同时，鼓励公众主动学习和了解消防安全知识，形成良好的消防安全文化氛围。

（二）培养自救互救能力

自救互救能力是公众在火灾等紧急情况下保护自身和他人安全的关键。政府、部门、企业及社区应定期组织消防安全培训、演练等活动，让公众熟悉所在场所的火灾危险，亲身体验并掌握基本的防火知识、灭火技能和逃生自救方法。这些活动应注重实操性和针对性，确保公众在真实火灾情况下能够迅速、准确地做出反应。

（三）建立激励机制

为了激发公众参与火灾防控工作的积极性和创造性，政府、部门和企业应建立有效的激励机制。这可以包括设立奖励基金，对在火灾预防、应急响应中表现突出的个人或团队进行表彰和奖励；或者通过政策扶持、税收优惠等措施，鼓励企业加大消防安全投入，提升火灾防控水平。同时，还可以建立火灾隐患举报奖励制度，鼓励公众积极参与火灾隐患的排查和报告。

（四）形成社会共治格局

火灾防控工作是一项系统工程，需要政府、部门、企业、社区、个人等多方共同参与和努力。应构建以政府为主导、部门为监管、企业为主体、社区为依托、个人为基础的社会共治格局，形成全社会共同关注消防安全、共同参与火灾防控的良好氛围。各级政府应加强顶层设计和整体规划，为火灾防控工作提供政策支持和法律保障；企业应落实消防安全主体责任，加强内部管理和员工培训；社区应发挥桥

梁和纽带作用,组织居民开展消防安全活动,提高居民的消防安全意识和自救能力;个人则应自觉遵守消防安全规定,积极参与火灾防控工作,为构建安全和谐的社会环境贡献自己的力量。

全员参与是火灾应急工作的最高境界,它要求每个人都成为火灾预防的参与者和应急响应的第一响应人。通过提高公众认知、培养自救互救能力、建立激励机制和形成社会共治格局等多方面的努力,我们可以共同构筑起一道坚固的人民防线,有效应对火灾等紧急情况的挑战。家庭消防安全自查表应是每个家庭必备的消防措施(图4-3)。

图4-3　家庭消防安全自查表

第二节　火灾应急任务应急处置工作

火灾应急任务的核心目标在于迅速、有效地控制火情，确保人员生命安全，并最大限度地减少财产损失。为了实现这一目标，需要明确并高效执行一系列具体的应急任务。本节详细展开并深入论述这些关键任务，包括立即报警、初期扑救、疏散逃生以及协助救援。

一、立即报警

一旦发现火情，首要任务是立即拨打消防报警电话（如119），清晰、准确地报告火灾地点、火势大小以及是否有人被困等关键信息（图4-4）。

（1）报警时机。火灾发生时，无论火势大小，都应立即报警。切勿因火势看似可控而延误报警，因为火势往往发展迅速，难以预测。

（2）报警内容。报警时，应保持冷静，清晰地说出火灾发生的具体地点（包括街道名称、门牌号等）、火势的大小（如火焰高度、燃烧面积等）、是否有人被困或受伤，以及报警人的姓名和联系电话。

（3）报警后续。报警后，应派人到路口或显眼位置等候消防车，以便引导消防救援人员迅速到达火灾现场。

图4-4　立即报警

二、初期扑救

在确保自身安全的前提下,利用现场可用的灭火器材进行初期扑救,以控制火势的蔓延(图4-5)。

(1)个人安全优先。参与扑救的人员在进行初期扑救时,务必确保自身安全,避免进入火势猛烈或烟雾浓重的区域。

(2)使用灭火器材与消火栓等设施。根据火源类型和火势大小,选择合适的灭火器材进行扑救。如使用干粉灭火器扑灭固体物质火灾,使用二氧化碳灭火器扑灭电气火灾等。当火灾扩大后,应及时使用室内消火栓进行扑救。

(3)扑救方法。掌握正确的灭火方法,如在室外扑救时,要站在上风或侧风位置,对准火源根部进行喷射,直至火势被完全扑灭或得到有效控制。

图4-5 初期扑救,重在控制火势

三、人员疏散逃生

在火灾发生时,应迅速组织被困人员沿安全通道有序疏散,避免使用电梯,确保所有人员安全撤离。

(1)疏散时机。确认火灾发生后,应立即组织疏散。切勿因贪恋财物或等待救援而延误疏散时机。

(2)疏散路线。熟悉并遵循预先制定的疏散路线进行疏散。在疏散过程中,人员应保持冷静,避免慌乱和拥挤。

(3)避免使用电梯。在火灾发生时,切勿使用电梯逃生。因为电梯可能因火灾而停电或失控,造成被困或摔伤等危险。

(4)互相帮助。在疏散过程中,应互相帮助,特别是要关注老人、儿童、残疾人等弱势群体,确保他们安全撤离。例见图4-6。

图4-6　紧急疏散,熟悉疏散逃生程序,组织预演确保安全

四、协助救援

为消防救援队伍提供必要的现场信息,协助救援人员开展搜救和灭火工作(图4-7)。

(1)提供现场信息。在消防队伍到达现场前或到达后,应立即向救援人员提供火灾现场的详细情况,如火势大小、被困人员位置、危险物品存放点等信息,以便救援人员迅速制定救援与扑救方案。

(2)协助搜救工作。在救援人员开展搜救工作时,应积极配合他们的行动,提供必要的帮助和支持。如指引被困人员位置、协助搬运救援设备等。

(3)维持现场秩序。在救援现场,应维护良好的秩序,避免围观、喧哗等行为干扰救援工作。同时,应确保救援通道的畅通无阻,以便救援人员迅速进出。

火灾应急任务包括立即报警、初期扑救、疏散逃生和协助救援四个关键环节。每个环节都至关重要,需要相关人员迅速、准确地执行。通过有效的应急任务执行,可以最大限度地减少火灾造成的损失和影响。

图4-7 协助救援工作

第三节 应急准备工作

应急准备作为火灾防控体系的核心组成部分,其重要性不言而喻。它不仅关乎到火灾初期的快速响应,还直接影响到火灾发生时的救援效率与人员安全。一个全面、细致的应急预案能够极大地减少火灾造成的损失,保护生命财产安全。以下是对应急准备工作中各关键要素的深入分析与详细论述。

一、制定应急预案

(一)应急预案的制定原则

突发事件的重要指导性文件,其制定必须遵循一系列科学、合理的原则,以确保在紧急情况下能够迅速、有效地采取行动,最大限度地减少损失。以下是应急预案制定的几个核心原则:

1. 针对性

应急预案的制定应具有高度的针对性,即根据不同类型的场所(如住宅、商业楼宇、工业厂房等)以及这些场所可能面临的不同风险类型和特点,制定差异化的应急预案。例如,住宅区的应急预案应重点关注居民的安全疏散和初期火灾扑救,而工业厂房的预案除了要考虑员工的安全疏散和初期火灾扑救以外,还需更多考虑有毒有害物质泄漏、设备故障等特殊情况。通过有针对性的预案制定,可以确保预案的实用性和有效性,提高应对火灾事故的能力。

2. 全面性

一个完善的应急预案应涵盖从预防、监测、预警到应急处置、人员疏散、外部救援对接等多个环节,形成闭环管理。在预防阶段,应明确各项防火、防灾措施和日常检查制度;在监测和预警阶段,应建立有效的信息收集和传递机制,确保能够及时发现并报告潜在风险;在应急处置阶段,应明确各级人员的职责、行动流程和应急处置措施;在人员疏散和外部救援对接阶段,则应制定详细的疏散路线、集合点和与外部救援力量的协同作战方案。通过全面性的预案制定,可以确保在火灾事故发生时,能够迅速、有序地展开各项应对工作。

3.可操作性

应急预案的内容必须具体、明确，便于执行人员快速理解并实施。预案中应明确各项任务的责任人、执行时间、执行地点和具体行动步骤，避免使用模糊、含糊不清的表述。同时，预案还应附有必要的图表、流程图和联系方式等辅助材料，以便执行人员在紧急情况下能够迅速找到所需信息并采取行动。通过提高预案的可操作性，可以确保在火灾事故发生时，各级人员能够迅速、准确地执行预案，顺利开展各项工作。

（二）应急组织架构

应急组织架构是确保在火灾事故发生时，能够迅速、有效地组织起应急响应和处置工作的关键。一个清晰、合理的应急组织架构能够明确各级人员的职责和权限，确保应急指挥体系的高效运转。

首先，应急组织架构应明确应急指挥体系，包括火灾现场总指挥、副总指挥、现场指挥等层级。总指挥负责全面领导火灾现场处置工作，制定应急决策和指挥全局；副总指挥协助总指挥工作，负责具体指挥和协调各小组的行动；现场指挥则负责在火灾事故现场直接指挥应急处置工作，确保各项措施得到有效执行。

其次，应急组织架构还应明确各小组的职责分工。根据应急工作的需要，可以设立灭火组、疏散组、救护组、通讯组等多个小组。灭火组负责火灾的扑救和火源的控制；疏散组负责组织人员的安全疏散和转移；救护组负责伤员的救治和转运；通讯组则负责应急信息的传递和通讯设备的维护。每个小组都应明确自己的职责和任务，确保在紧急情况下能够迅速、准确地采取行动。

为了更好地展示应急组织架构和各成员间的指挥关系，还应绘制应急组织架构图（图4-8）。通过图表的形式，可以直观地展示各级指挥人员和各小组之间的责任范围和指挥关系，便于各级人员快速了解自己在应急工作中的位置和职责。同时，应急组织架构图还可以作为培训和演练的参考资料，帮助人员熟悉应急流程和职责分工，提高应急响应的效率和准确性。在消防救援队伍到达火灾现场后，要及时移交现场指挥权。

一个完善、合理的应急组织架构是确保应急工作顺利进行的重要保障。通过明确火灾现场指挥体系和各小组的职责分工，以及绘制应急组织架构图，可以确保在突发事件发生时，各级人员能够迅速、准确地履行自己的职责，有效地应对和处置紧急情况。

图4-8　某应急预案的组织架构图

（三）疏散路线规划

疏散路线是确保在紧急情况下人员能够迅速、安全撤离的关键。为了有效规划疏散路线，应遵循以下原则：

1.基于建筑布局和人员分布进行规划

疏散路线的规划必须充分考虑建筑的整体布局和人员日常活动的分布情况。这包括了解建筑内的各个区域、通道、楼梯和出口的位置，以及人员在不同时间段内的流动规律。基于这些信息，可以制定出多条安全、畅通的疏散路线，以确保在紧急情况下，人员能够从各个区域迅速撤离。

2.确保疏散路线的安全性和畅通性

疏散路线应避开可能的危险区域，如易燃、易爆物品存放地，以及可能受到火势、烟雾或其他危险因素影响的区域。同时，疏散路线应保持畅通无阻，不得有杂物堆积或门锁封闭，以确保人员在紧急情况下能够顺利通行。

3.明确标注紧急出口、集合点和安全标识

在疏散路线图上，应清晰标注所有的紧急出口、集合点位置，以及沿途的安全

标识。紧急出口是人员撤离建筑的主要通道，必须保持畅通并易于识别。集合点是人员撤离后集结的地点，应选择在安全、开阔且易于识别的区域。安全标识则用于指示疏散方向、安全出口和其他重要信息，应设置在显眼的位置，并采用易于理解的图形和文字。

通过遵循以上原则，可以制定出科学、合理的疏散路线，为人员在紧急情况下的安全撤离提供有力保障。同时，还应定期组织疏散演练，让人员熟悉疏散路线和撤离程序，提高应急响应能力和自救互救能力。

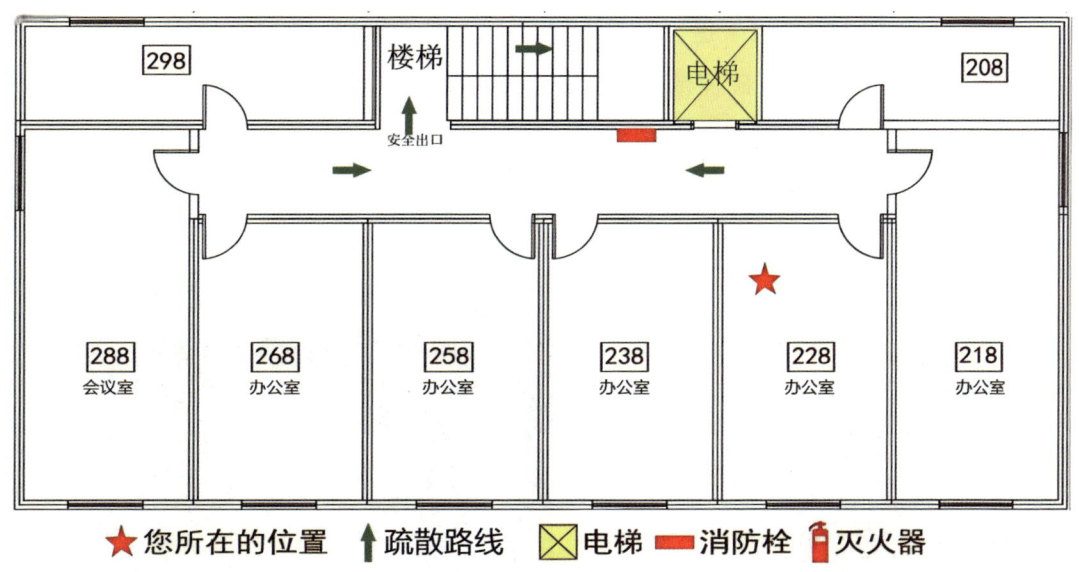

图4-9 消防紧急疏散示意图

二、配备消防设施

（一）消防设施的种类

消防设施是预防和应对火灾的重要设备，它们对于减少火灾损失、保护人员安全具有至关重要的作用。以下是对消防设施的详细介绍，按照类别将其分为四类。

1.手提式灭火器

手提式灭火器是一种便携式灭火设备,主要用于初期火灾的扑救。

根据火灾类型(如A类固体物质火灾、B类液体或可熔化的固体物质火灾、C类气体火灾等),配备相应类型的灭火器。例如,干粉灭火器(图4-10)适用于A、B、C类火灾,而二氧化碳灭火器则更适用于精密仪器和电气设备的火灾。

灭火器应放置在易取用的位置,如走廊、楼梯口、厨房等易发生火灾的区域,并确保标识清晰,便于人员快速找到。

2.消火栓系统

室内消火栓系统是由箱体、消防管道、水带、水枪等组成的固定式灭火设备(图4-11)。

定期检查消火栓的水压是否充足,管道是否畅通无阻,以及水带、水枪等配件是否完整无损。同时,要确保消防栓的标识清晰可见,便于人员快速识别和使用。

消火栓系统主要用于较大面积与空间建筑的火灾扑救,如城市综合体、商场、高层住宅、仓库、厂房等场所。

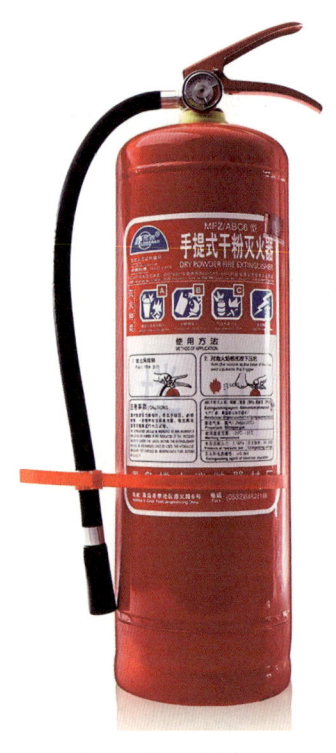

图4-10 干粉式灭火器

图4-11 消火栓系统

3. 自动喷水灭火系统

自动喷水灭火系统由洒水喷头、报警阀组、水流报警装置（水流指示器或压力开关）等组件，以及管道、供水设施组成，并能在发生火灾时喷水的自动灭火系统。由湿式报警阀组、闭式喷头、水流指示器、控制阀门、末端试水装置、管道和供水设施等组成。系统的管道内充满有压水，一旦发生火灾，喷头动作后立即喷水。

定期检查系统的喷头是否堵塞，以及水泵运行是否正常。同时，要确保系统的控制装置和报警装置处于良好状态。

自动喷水灭火系统具有响应速度快、灭火效率高、覆盖范围广等优势，是现代建筑中常用的消防设施之一。

图 4-12　室内喷淋装置

4. 其他消防设施

火灾自动报警系统：用于监测火灾信号，并在火灾发生时发出警报，提醒人员疏散和采取灭火措施。

火灾自动报警系统是由触发装置、火灾报警装置、联动输出装置以及具有其他辅助功能装置组成的，它具有能在火灾初期，将燃烧产生的烟雾、热量、火焰等物理量，通过火灾探测器变成电信号，传输到火灾报警控制器，并同时以声或光的形式通知整个楼层疏散，控制器记录火灾发生的部位、时间等，使人们能够及时发现火灾，并及时采取有效措施，扑灭初期火灾，最大限度地减少因火灾造成的生命和财产的损失，是人们同火灾做斗争的有力工具。

应急照明系统：应急照明系统的工作原理是在正常电源断电或故障时，备用电源会自动启动，接管供电任务，同时控制系统会根据故障情况启动相应的应急照明灯具，为人员提供必要的照明和疏散指引。

应急照明系统的作用是保障建筑物内部人员的安全，当建筑物发生火灾、地震等灾害时，人员需要尽快撤离到安全区域。而应急照明系统可以提供必要的照明和疏散指引，帮助人员顺利地逃生。

防排烟系统：通过机械排烟或自然排烟的方式，排除火灾产生的烟雾和有毒气体，为人员疏散和灭火救援创造有利条件。

防排烟系统是防烟系统和排烟系统的总称。防烟系统采用机械加压送风方式或自然通风方式，防止烟气进入疏散通道的系统；排烟系统采用机械排烟方式或自然通风方式，将烟气排至建筑物外的系统。高层建筑的防烟设施应分为机械加压送风的防烟设施和可开启外窗的自然排烟设施。

其他设施：如消防电梯、消防广播、消防电话等，也是建筑中重要的消防设施，它们各自承担着不同的功能，共同构成完整的消防安全体系。

综上所述，消防设施的种类繁多，每种设施都有其特定的用途和重要性。为了确保消防安全，应定期对消防设施进行检查、维护和保养，确保其处于良好状态并随时可用。

（二）定期检查与维护保养

关于消防设施的定期检查与维护，是确保其在关键时刻能够发挥应有作用的关键环节。以下是对这一过程的详细介绍，分为四个步骤：

1. 制定消防设施检查维护计划

首先，需要明确检查维护的目的，即确保消防设施处于良好状态，能够在火灾发生时迅速、有效地发挥作用。

根据消防设施的类型、使用频率以及厂家推荐，制定合理的检查维护周期。例如，手提式灭火器可能需要每年进行一次全面检查，而自动喷水灭火系统则可能需要更精心的维护。

明确每次检查维护的具体内容，包括外观检查、功能测试、性能测试等。

为每个消防设施或区域指定具体的检查维护责任人，确保计划得到有效执行。

2. 执行检查维护计划

检查消防设施的外观是否完好，有无破损、锈蚀、堵塞等情况。

对消防设施进行功能测试，确保其能够正常启动、运行和停止。

对于需要定量评估的消防设施，如消防栓的水压、自动喷水灭火系统的喷水强度等参数，进行性能测试。

3.记录与报告

对每次检查维护的结果进行详细记录，包括检查时间、地点、项目、发现的问题以及处理措施等。

对于发现的问题，应及时向相关部门或责任人报告，以便尽快采取措施进行整改。

4.问题整改与跟踪

对于检查中发现的问题，应尽快采取措施进行整改，确保消防设施恢复到最佳工作状态。

整改完成后，应对消防设施进行再次检查，验证问题是否得到有效解决。

持续改进：根据检查维护的结果和经验教训，不断优化检查维护计划和流程，提高消防设施的管理水平。

通过以上四个步骤，可以确保消防设施得到定期、有效的检查与维护，从而保障建筑和人员的消防安全。

三、开展应急演练

（一）演练目的深化

1.检验应急预案制定的合理性与可行性

通过模拟真实火灾情境，全面检验应急预案中的各项措施是否切实可行，能否有效应对各类火灾。同时，评估预案中各环节的衔接是否顺畅，确保在实际操作中能够达到预期效果。

2.提升员工的火灾防范意识与应急处理能力

通过实战化演练，使员工亲身体验火灾应急处置的过程，加深对火灾危害性的认识，提高自我防范意识。同时，通过模拟操作，锻炼员工的应急反应速度和实际操作能力，确保在紧急情况下能够迅速、准确地采取应对措施。

3.加强团队协作，优化应急响应流程

演练过程中，各部门、各岗位人员需紧密配合，共同应对火灾挑战。通过演练，可以检验团队协作的效率和默契度，发现并解决协作中存在的问题。同时，根据演练结果，不断优化应急响应流程，确保在实际火灾事件中能够迅速、有序地展开救援工作。

（二）演练内容与形式的细化

1. 模拟火灾场景，进行实战化演练

根据应急预案，针对不同的部位，设定多种火灾场景，如车间火灾、仓库火灾、酒店客房火灾、员工宿舍火灾、住宅火灾、电器设备火灾、厨房火灾等。在每个场景中，模拟火灾发生、报警、疏散、初期灭火等全过程。通过实战化演练，使居民或员工熟悉火灾应急流程，掌握正确的报警、疏散和灭火方法。

2. 组织桌面推演，讨论不同情境下的应对策略

除了实战化演练外，还应组织桌面推演活动。通过模拟不同情境下的火灾特点，引导员工讨论并制定应对策略。这有助于提升员工的决策能力和应变能力，确保在实际火灾事件中能够迅速、准确地做出决策。

3. 定期复盘演练过程，总结经验教训

每次演练结束后，应组织相关人员对演练过程进行复盘。通过回顾演练过程与教训，总结成功经验和不足之处，提出改进意见和建议。同时，将复盘结果纳入应急预案的修订和完善中，不断优化预案内容，提高应急响应效率。

（三）演练后的评估与反馈机制

1. 对演练效果进行全面评估

演练结束后，应组织专业人员对演练效果进行全面评估。评估内容包括响应时间、疏散效率、灭火效果等多个方面。通过评估，可以客观了解员工在火灾应急中的表现和能力水平，为后续改进提供依据。

2. 收集参与人员的反馈意见

为了更全面地了解演练效果，还应广泛收集参与人员的反馈意见。通过问卷调查、座谈会等方式，了解员工对演练活动的看法和建议。这些反馈意见可以作为后续改进演练内容和形式的重要参考依据。同时，也可以鼓励员工提出创新性的想法和建议，共同推动应急演练活动的不断完善和发展。

案例4-1：某社区消防应急演练方案

一、演练目的

1. 增强社区居民的消防安全意识。
2. 熟悉并掌握火灾发生时的应急疏散路线和自救互救技能。

3.检验社区消防设施的功能性和应急响应机制的有效性。

4.提升社区消防志愿者和物业人员的应急处置能力。

二、演练时间与地点

时间：选择一个非工作日或周末的上午，确保大多数居民都能够参与。

地点：社区内各居民楼、公共区域及指定疏散集合点。

三、组织架构与职责

1.总指挥：社区负责人，负责整体协调与指挥。

2.副总指挥：物业经理，协助总指挥，负责现场具体执行。

3.疏散组：由物业人员和志愿者组成，负责引导居民按疏散路线撤离。

4.灭火组：由受过培训的志愿者组成，负责初期火灾的扑救。

5.救护组：模拟医疗救护，处理模拟伤员。

6.通讯组：负责演练期间的信息传递和与外部救援力量的联系。

7.后勤保障组：负责演练物资的准备和现场秩序维护。

四、演练内容

1.火灾模拟：在指定地点设置模拟火源，触发火灾警报。

2.应急响应：

物业监控中心接收到火灾信号后，立即启动应急预案。

总指挥宣布演练开始，各小组迅速到位。

3.疏散演练：

疏散组通过广播、喊话等方式通知居民火灾情况，引导居民沿预定疏散路线撤离至安全区域。

居民在疏散过程中，应低姿势、用湿毛巾捂住口鼻，避免吸入有毒烟雾。

4.灭火演练：

灭火组迅速携带手提式灭火器到达火源处，进行初期火灾扑救。

若火势无法控制，物业人员立即撤离，告知居民关闭户门在家中躲避，立即撤离并等待专业消防队伍到来。

5.救护演练：

救护组模拟处理火灾中的伤员，进行简单的急救处理。

6.集合与总结：

所有居民在指定集合点集合，疏散组确认人员是否全部安全撤离。

总指挥对演练进行总结，指出存在的问题和改进措施。

五、演练准备

1. 宣传动员：提前一周通过社区公告、微信群等方式通知居民演练时间、地点和注意事项。

2. 物资准备：准备模拟火源、手提式灭火器、湿毛巾、急救包等演练所需物资。

3. 人员培训：对参与演练的物业人员、志愿者和关键岗位人员进行消防安全知识和技能培训。

4. 路线规划：明确各居民楼的疏散路线和集合点位置，制作疏散示意图。

六、演练后的工作

1. 收集反馈：通过问卷调查或座谈会等方式收集居民和参与人员的意见和建议。

2. 总结评估：对演练过程进行全面总结，评估演练效果，提出改进措施。

3. 资料归档：将演练方案、记录、照片等资料整理归档，作为今后演练的参考。

4. 持续改进：根据总结评估结果，不断完善社区的消防应急预案和演练方案。

通过以上方案的实施，可以有效提升社区居民的消防安全意识和应急处置能力，为社区的消防安全提供有力保障。

四、构建高效通讯机制

（一）通讯设备配置的优化与强化

1. 确保通讯畅通无阻

为了保障应急指挥中心与现场、外部救援机构之间的信息流通无阻，我们必须配备充足且性能可靠的通讯工具。这包括但不限于对讲机、移动电话、固定电话等，它们将作为我们沟通的主要桥梁，确保在紧急情况下能够迅速传递关键信息。

2. 建立应急广播系统

为了更广泛地传达紧急信息，完善的应急广播系统十分重要。这套系统应覆盖整个区域，确保在火灾等紧急情况下，能够迅速、清晰地传达指令和疏散信息，从而最大限度地减少人员伤亡。

（二）通讯联络机制的完善与细化

1. 内部通讯网络的构建

为了加强内部沟通，建立一套完整的内部通讯网络。这个网络将明确各级指挥员和小组负责人的联系方式，确保在紧急情况下能够迅速找到相关负责人，并高效传达指令。

2. 与外部救援机构的紧密联系

与当地消防救援、医疗、警察等外部救援机构建立紧密的合作关系至关重要。通过定期与他们进行沟通，了解他们的救援能力和资源，以便在需要时能够迅速获得他们的支持和协助。

3. 通讯故障应急预案的制定

考虑到通讯中断的可能性，制定一套详细的通讯故障应急预案。这个预案将包括替代通讯方案、信息传递流程以及故障排查和修复措施，以确保在通讯中断时仍能保持信息的畅通。

构建高效通讯机制是火灾防控体系中不可或缺的一环。通过优化通讯设备配置、完善通讯联络机制以及制定详细的通讯故障应急预案，确保在紧急情况下能够迅速、准确地传递关键信息，从而最大限度地减少火灾带来的损失。同时，通过展示火灾应急预案样本和精选应急演练现场照片，我们可以进一步提升员工的火灾防范意识和应急处理能力，为企业的安全生产提供有力保障。

第四节　消防应急能力培训

应急能力培训是提升公众和专业人员应对火灾等突发事件能力的有效途径。通过系统的培训，不仅可以增强个体的防火意识，还能提高实际操作技能和心理素质，从而在火灾发生时能够迅速、有效地采取行动，最大限度地减少人员伤亡和财产损失。本节详细阐述消防应急能力培训的内容、方法及其重要性。

一、基础知识培训

1. 火灾成因与燃烧原理

（1）深入讲解火灾的常见成因，如电气故障、明火使用不当、易燃物品堆积等。

（2）阐述燃烧的基本原理，包括可燃物、助燃物（氧气）、点火源三要素，以及燃烧过程中的化学反应。

2. 常见灭火方法

（1）介绍不同类型的火灾（如固体物质火灾、液体或可熔化的固体物质火灾、气体火灾等）及其对应的灭火方法。

（2）讲解灭火器的种类、使用方法和注意事项，确保学员能够正确选择和操作灭火器。

3. 防火意识培养

（1）强调防火的重要性，教育学员识别潜在的火灾隐患，并采取预防措施。

（2）提倡"预防为主，防消结合"的消防方针，鼓励学员在日常生活中积极践行防火安全。

二、技能实操训练

1. 灭火器使用训练

设置模拟火灾场景，让参训人员在指导下亲自操作灭火器进行灭火。通过反复练习，确保参训人员能够熟练掌握灭火器的使用技巧，如拔销、握管、瞄根、压把等步骤。

2. 逃生自救技能训练

教授正确的逃生姿势和路线选择，避免在逃生过程中受到二次伤害。模拟火灾中的烟雾环境，训练参训人员在低能见度条件下寻找安全出口和逃生路径。

3. 救援技能训练

对于专业人员，还需进行救援技能的训练，如使用救援器材、进行心肺复苏等。通过团队协作演练，提高救援效率和成功率。

三、心理素质培养

1. 冷静判断能力训练

通过模拟火灾场景和紧急情况，锻炼参训人员在压力下保持冷静、迅速做出正确判断的能力。教授应对火灾时的心理调适技巧，如深呼吸、积极思维等。

2. 心理承受能力提升

开展心理辅导课程，帮助参训人员建立正确的灾难观。通过团队建设和集体活动，增强学员之间的信任和支持，提高心理韧性。

图4-13　火灾应急演练现场

四、持续教育与复训

1. 建立长效培训机制

制定定期培训计划,确保应急知识和技能的持续更新与巩固。鼓励参训人员认真参加各类消防讲座、研讨会等活动,拓宽知识面和视野。

2. 定期复训与考核

对已接受培训的参训人员进行定期复训和考核,以检验其应急能力的保持情况。根据考核结果,对培训内容和方法进行适时调整和优化。

期望读者能够深刻理解应急能力培训的重要性,并掌握基本的应急理念和行动指南。消防应急能力培训不仅关乎个人的生命安全,更关系到整个社会的和谐与稳定。因此,应该积极参与应急能力培训,不断提升自己的应急素养,为构建更加安全的城市环境贡献自己的力量。

第五章

城市重点消防场所

第一节　社区与住宅

在社区与住宅领域，消防安全是保障居民生命财产安全的重要基石。近年来，随着城市化进程的加快，社区规模不断扩大，住宅密度持续增加，火灾事故频发，给居民生活带来了严重威胁。

因此，本节提供一套实用、专业的社区与住宅消防安全与火灾防控指引，结合国家相关法规标准，合理应用消防技术规范，以期全面提升社区的整体消防安全水平。

一、社区与住宅的火灾防控特点

1.居住密度高，风险集中

社区与住宅区域通常居住密度较高，一旦发生火灾，火势容易迅速蔓延，影响范围广泛。由于居民聚集度高，火灾造成的潜在人员伤亡风险也相应增大。

2.日常生活中的火源多

住宅区内日常生活使用的火源多样，如厨房灶具、取暖设备、家用电器等，这些都可能成为火灾的引发点。居民日常生活中可能存在的疏忽，如忘记关闭火源、私拉乱接电线等行为，增加了火灾发生的可能性。

3.疏散与救援难度大

社区与住宅区的建筑结构复杂，疏散通道和消防通道的设置和管理对于火灾时的疏散和救援至关重要。火灾发生时，烟雾和有毒气体可能迅速积聚，进入走廊或楼梯，给被困人员的疏散和救援带来极大困难。

4.消防安全意识与技能参差不齐

社区居民的消防安全意识和自救互救技能水平不一，部分居民可能缺乏必要的消防安全知识和应急处理能力。因此，需要通过持续的宣传教育和培训来提高居民的消防安全意识和自救能力。

5.防控需多部门协作

社区与住宅火灾的防控需要多个部门、机构与单位的紧密协作，包括辖区内的街道办事处、消防救援部门、住房和建设部门、公安派出所、物业管理公司、社区居委会等。各方需要形成有效的火灾防控机制和应急预案,确保在火灾发生时能够迅速、有序地进行应对。

社区与住宅火灾防控具有其独特的特点和挑战。为了有效预防和控制火灾的发生,需要针对这些特点制定相应的防控策略,加强消防安全管理,提高居民的消防安全意识和自救能力,并促进多部门与单位之间的协作与配合。

二、社区与住宅火灾防控易被忽略的隐患

在社区与住宅的消防安全领域,存在一些常被忽视但又至关重要的隐患。这些火灾隐患往往隐藏在日常生活的细节之中,不易被察觉,却可能在关键时刻引发严重的火灾事故。因此,深入剖析并有效应对这些易被忽略的隐患,对于提升社区与住宅的整体消防安全水平具有重要意义。

(一)电气线路与设备老化

社区与住宅中,电气线路和设备的老化是一个普遍存在的问题。随着时间的推移,电线绝缘层可能破损、裸露,电器设备可能因长期使用而出现过热现象。这些老化的电气线路和设备很容易成为火灾的源头。然而,由于它们通常隐藏在墙体内部或家具背后,很难被居民及时发现并处理。因此,定期对电气线路和设备进行检查和维护,及时更换老化的电线和电器设备,是预防住宅火灾的重要措施。

图5-1 线路老化引起火灾

（二）厨房火灾隐患

厨房是家庭中火灾发生最频繁的区域之一。除了明火烹饪可能引发的火灾外，厨房中还存在着一些易被忽视的火灾隐患。例如，油烟机长时间未清洗，油垢积累过多，一旦遇到高温就可能引发火灾。此外，厨房中的燃气管道和阀门也可能因老化或不当使用而泄漏燃气，形成爆炸性混合气体，一旦遇到明火或电火花，就会发生爆炸和火灾。因此，保持厨房的清洁卫生，定期清洗油烟机和燃气管道，以及正确使用燃气设备，是减少厨房火灾风险的关键。

图5-2　烟道着火

（三）易燃可燃物品管理不当

在社区与住宅中，易燃物品的管理往往被忽视。一些居民可能在家中私自存放大量的酒精、汽油、天然气、液化石油气等易燃液体气体，或者将纸张、布料等易燃物品堆积在易燃区域附近。这些易燃可燃物品一旦遇到火源，就会迅速燃烧并蔓延，造成严重的火灾事故。因此，严禁存放汽油等易燃品，加强对可燃物品的管理，确保它们远离火源和热源，是预防住宅火灾的重要环节。

图5-3 居民楼内违规存放液化气瓶

图5-4 堆放杂物容易引起火灾

(四)疏散通道与疏散指示不足

在紧急情况下,疏散通道和疏散指示是居民逃生的生命线。然而,在一些社区和住宅中,消防通道被杂物堵塞,疏散指示模糊不清或缺失。这些问题在日常生活中可能并不显眼,但在火灾发生时却可能致命。因此,确保疏散通道的畅通无阻,以及设置清晰、有效的疏散指示,是提升社区与住宅消防安全的重要措施。

图5-5　逃生通道堆放杂物

（五）室内抽烟引发的火灾风险

在家庭生活中，在室内抽烟往往被视为一种日常习惯，但其背后隐藏的火灾风险却常被忽视。抽烟时，未熄灭的烟蒂或火柴如果处理不当，极易引燃周围的易燃物品，如纸张、布料、家具等，从而导致火灾的发生。特别是在醉酒后或疲劳时躺在床铺、沙发抽烟，烟头接触被褥等可燃物起火后产生的烟雾极易造成人员窒息死亡，风险更是增加。此外，抽烟后随意乱扔烟头或未妥善处理的烟灰缸也可能成为火灾的源头。因此，居民应当提高警惕，抽烟后应确保烟蒂完全熄灭并妥善处理。同时，烟灰缸也应定期清理，以减少火灾风险。

图5-6　烟头能引发火灾

社区与住宅中的火灾隐患多种多样，且往往隐藏在日常生活的细节之中。为了有效预防火灾事故的发生，我们必须从多个方面入手，加强对电气线路和设备的维护、厨房火灾的防控、易燃可燃物品的管理、疏散通道和疏散指示标志的完善、居民消防安全意识的提升以及室内抽烟行为的规范。只有这样，才能构建一个更加安全、和谐的社区与住宅安全环境。

三、社区与住宅的火灾防控措施

明确社区与住宅的消防防控重点，对于提高整体防火能力、减少火灾损失具有重要意义。以下是对社区与住宅火灾防控措施的详细阐述：

（一）火源管理

火源是引发火灾的直接原因，因此，加强火源管理是社区与住宅消防安全管理的首要任务。具体措施应涵盖以下几个方面：

1.严格控制明火使用

在住宅区内，应明确禁止随意使用明火，包括但不限于焚烧垃圾、点燃蜡烛、在室外使用火源等。

对于厨房等必须使用明火的场所，应确保厨房灶具等明火设备使用安全，定期进行检查和维护。

加强对居民的宣传教育，提高其对明火使用的风险意识，确保不留下任何可能引发火灾的明火源。

2.电气安全管理

定期对住宅区的电气线路和设备进行全面检查，包括电线、插座、开关等，确保无老化、短路、漏电等安全隐患。

居民应养成良好的用电习惯，不私拉乱接电线，不超负荷使用电器，不在无人看管的情况下使用电热器具等。

鼓励居民使用具有过载保护功能的电器设备，以减少电气火灾的风险。

3.严格室内电动自行车充电管理

严禁在住宅室内、楼道、楼梯间、安全出口等区域停放电动自行车或为电动自行车充电。

在室外设立专门的电动自行车充电区域，并配备相应的消防设施，如灭火器、消火栓等。加强对居民的宣传教育，提高其对室内电动自行车充电的风险意识，引导其到指定的安全区域进行充电。

定期对电动自行车充电区域进行检查，确保无电气线路老化、短路等安全隐患。特别强调的是，室内电动自行车充电引发火灾，已成为最主要的火源，应该尽力避免。以下是几个室内电池充电引起的火灾案例。

案例5-1：

时间：2023年1月4日凌晨2时许。

地点：北京市朝阳区潘家园街道一居民家阳台。

情况：该居民家阳台上的电动自行车电池在充电过程中发生故障起火，火灾造成直接经济损失2万余元。起火原因系电池充电中发生故障。

案例5-2：

时间：2023年1月28日凌晨2时许。

地点：北京市朝阳区石佛营一居民家中。

情况：家中的电动自行车电池在充电时起火，火灾造成直接经济损失8万余元。同样，起火原因也是电池充电中发生故障。

案例5-3：

时间：2024年7月23日。

地点：云南省昭通市巧家县玉屏街道居民门前。

情况：停放在该处的4辆电动车起火，起火原因系停放在中部的九号牌电动车在充电过程中充电器故障起火，过火面积6平方米，无人员伤亡，但火灾烧损了4辆电动车，直接经济损失9500元。

案例5-4：

时间：2023年4月2日6时16分许。

地点：银川市兴庆区北安小区营业房。

情况：该火灾是一起因住户使用大功率充电器在室内为电动自行车充电过程中电气线路故障引发的较大火灾事故，导致人员死亡。起火原因为使用大功率充电器充电过程中，电动自行车电气线路发生故障。

4. 烟蒂等与可燃物管理

设立专门的烟蒂收集容器，并确保其位置醒目、易于使用。

加强对吸烟居民的宣传教育，提醒其在吸烟后务必将烟蒂熄灭，并妥善处理。

定期清理住宅区内的可燃物，如楼道中堆放的杂物，干枯的树叶、杂草等，以减少火灾隐患。

火源管理是社区与住宅火灾防控重点之一。通过严格控制明火使用、加强电气安全管理、室内电动自行车充电管理、妥善处理易燃物以及其他火源管理措施的实施，可以有效降低火灾发生的风险，保障居民的生命财产安全。

（二）疏散通道与消防车通道管理

疏散通道和消防车通道在火灾发生时扮演着至关重要的角色，它们是人员疏散和消防救援的生命线，必须始终保持畅通无阻。为了实现这一目标，我们需要采取一系列具体而细致的措施。

1. 定期清理疏散通道

建立定期巡查制度，确保疏散通道内没有杂物堆积，如垃圾、家具、堆积物等。保持通道宽敞，确保在紧急情况下人员能够迅速、有序地通过。确保通道内的应急照明设施完好，保持明亮，以便在火灾发生时人员能够清晰地看到疏散路径。

2. 合理规划消防车通道

根据住宅区的实际布局和建筑特点，科学规划消防车通道的宽度、转弯半径等关键参数。确保消防车通道的宽度足够，以便消防车能够顺利进入并进行救援操作。在规划时，考虑消防车的通行需求，包括转弯、停靠等，确保消防车通道在实际使用中能够满足消防救援的要求。

3. 设置明显标识

在疏散通道和消防车通道的关键位置，如入口、转弯处、出口等，设置明显的标识和指示牌。使用易于识别的颜色和图案，确保在火灾发生时人员能够迅速识别并找到疏散方向。定期检查和维护标识牌，确保其清晰可见，没有损坏或遮挡。

4. 加强宣传教育和培训

定期对居民进行消防安全教育，强调疏散通道和消防车通道的重要性。组织消防演练，让居民熟悉疏散通道和消防车通道的位置和使用方法。鼓励居民参与消防志愿活动，提高他们应对火灾的意识和能力。

5.严格执法和监管

相关部门应加强对疏散通道和消防车通道的执法检查，确保它们始终保持畅通。对违反规定的行为进行严厉处罚，以儆效尤。鼓励居民积极举报占用、堵塞疏散通道和消防车通道的行为。

疏散通道与消防车通道的管理是社区与住宅消防工作的重要组成部分。通过定期清理疏散通道、合理规划消防车通道、设置明显标识、加强宣传教育和培训以及严格执法和监管等措施的实施，我们可以有效地确保这些生命通道在火灾发生时能够发挥应有的作用，保护居民的生命财产安全。

（三）消防设施与器材的配备与维护

消防设施与器材作为扑救初期火灾、有效遏制火势蔓延的关键性工具，其重要性不言而喻。为了确保住宅区在面临火灾威胁时能够迅速、有效地应对，必须采取一系列全面且细致的措施来配备与维护这些设施与器材。

在消防设施的配备上，必须严格按照《建筑设计防火规范》等相关标准执行。这意味着，住宅区不仅应配备数量充足的消火栓，还要配置各种类型的灭火器，并根据实际情况和火灾风险等级考虑增设其他消防设施，如火灾自动报警系统、自动喷水灭火系统、防排烟系统等，以进一步提升火灾防控能力。

对于已配备的消防设施与器材，必须建立严格的定期检查与维护制度。这包括定期对消火栓进行水压测试，对灭火器进行外观检查、压力测试以及称重，以及对火灾自动报警系统、自动喷水灭火系统等进行功能测试，以确保其能够在火灾发生时迅速响应并发挥作用。

为了提高居民的消防安全意识和自救互救能力，还必须定期组织居民进行消防安全培训和演练。这些培训和演练应涵盖消防设施与器材的使用方法、火灾逃生技巧、初期火灾扑救方法等内容，以确保居民在火灾发生时能够迅速、正确地使用消防设施与器材进行自救和互救。

除此之外，还应建立完善的消防设施与器材管理制度，明确管理责任人和管理流程，确保设施与器材的完好有效。同时，加强与相关部门的沟通协调，共同推进住宅区的消防安全工作。

通过严格配备消防设施、建立检查与维护制度、组织居民培训与演练以及建立完善的管理制度等措施，可以确保消防设施与器材的全面配备与细致维护，为住宅区的消防安全提供有力保障。

案例5-5：南京江宁区东山街道居民住宅火灾事故

这是一起典型的居民家庭火灾，虽然过火面积仅1平方米，却造成三人身亡，而另外一人因为关闭房门，从而死里逃生。关闭房间门与不关门，这一个细小差别，却带来两种命运。

2022年4月4日凌晨3时4分，江苏南京消防救援支队指挥中心接到报警称，南京江宁区东山街道一居民家中突发火灾，家中夫妻二人和两个女儿被困家中，情况不明。消防救援人员到场以后，从外侧观察顶楼有大量浓烟冒出，立即组织水枪手铺设水带上楼，然后安排破拆小组对入户的防盗门进行了破拆。消防员在现场看到，屋内浓烟弥漫，能见度低，而位于客厅处的起火点，火势并不猛烈。三个房间中，一个房间的房门紧闭，呼救声不断从这个房间传出。听到了男主人的呼救声，消防员第一时间进到他的房间里面，把他救出。在男子所在房间不远处，消防员在房门大开的另一间屋内发现了倒下的母女三人，并立即将她们救出。不幸的是，三人因吸入过多烟气，最终抢救无效死亡。

火灾的过火面积仅有一平方米。那么，是什么导致了悲剧的发生？事故调查人员查明了原因：起火当晚，妻子在客厅的桌子上摆放了蜡烛、檀香、水果等供奉物品，在点燃蜡烛和檀香后，未熄灭便回房间休息，而就是这小小的蜡烛引燃了塑料桌子及附近的沙发，导致起火。

当天凌晨，正带着小女儿睡觉的妻子首先发现客厅的火光，她一边呼喊隔壁的丈夫前去查看，一边带着小女儿跑去大女儿的房间查看。3时许，丈夫听到隔壁的妻子呼喊后，推开房门发现，沙发的这个区域在着火，在处置无效以后，他随即又把房门关上，在里面等待消防救援人员的救援，最终被消防救援人员成功救出。这起火灾的过火面积虽小，但塑料桌和沙发燃烧产生的大量有害气体是导致人员死亡的主要原因。由于凌晨一家人都在熟睡，被起火产生的烟雾呛醒时，烟气已经很多，发现起火的时间已经很晚。

被困人员所在的两个房间，与起火点的距离几乎相同，一人安全获救，隔壁房间的三人却不幸遇难。唯一的区别在于，获救人员的房间关上了门，挡住了有毒的浓烟。三名遇难者的房间房门处于打开状态，高温的有毒浓烟大量进入室内。房间内的烟熏痕迹相对较重,空调外机外壳受高温烟气影响已经软化变形。由于没有采取关门挡烟的正确方法,导致室内的有毒有害以及高温烟气不断积聚,三名人员在房间中不幸丧生。

这起事故的教训深刻,居民家庭中的用火用电用气操作要特别注意。如果在家中安装有独立式的火灾报警器,能在第一时间发出警报让人员做出应对,这一悲剧基本就可以避免。

第二节 工业园区

一、工业园区的火灾防控特点

工业园区作为城市经济发展的重要组成部分，其火灾防控工作具有显著的特点和复杂性。这些特点包括以下几个方面。

（一）火灾风险源多样

工业园区作为城市经济发展的引擎，汇聚了众多生产企业，这些企业涵盖了从轻工业到重化工的广泛领域。不同企业采用的生产工艺和设备千差万别，其中不乏使用易燃、易爆、有毒物质作为原料或中间产物的生产过程。例如，化工企业常用的溶剂、油漆厂的涂料，以及金属加工中的切割油等，这些物质在储存、运输和使用过程中，若管理不当或发生意外泄漏，极易引发火灾甚至爆炸事故，严重威胁园区安全。

工业园区内通常还设有大规模的仓储设施，用于存放各类原材料、成品和半成品。这些物品不仅数量庞大，而且种类繁多，包括可燃材料（如木材、塑料）及危险化学品等。仓储环境的温度、湿度控制不当，或是堆放不合理，都可能成为火灾的诱因。此外，仓储区域若缺乏有效的防火分隔和消防设施，一旦发生火灾，将难以控制火势，造成重大损失。

（二）火灾蔓延速度快

工业园区内建筑物布局紧凑，厂房、仓库、办公楼等相互毗邻，且常通过连廊、栈桥、通道等连接设施相连，形成了复杂的建筑群体。这种布局虽便于生产、储存和物流，一旦发生火灾，火势和烟雾极易通过这些连接通道迅速扩散，形成"火烧连营"之势，增加了扑救难度。

如前所述，工业园区内存有大量易燃可燃物质，这些物质在火灾中不仅自身迅速燃烧，还可能产生高温、高压或有毒气体，进一步加剧火势的蔓延。例如，某些化学品燃烧时会产生大量热量和烟雾，形成"火风暴"，使火势难以控制。

（三）火灾损失严重

工业园区内集中了大量的先进生产设备和贵重物品，如精密机床、自动化生产线、高科技产品等。这些设备和物品价值高昂，一旦遭受火灾，不仅会造成直接的经济损失，还可能因设备损坏导致生产中断，因停产停业的因素，影响企业的市场竞争力和供应链稳定。

火灾不仅会造成财产损失，还可能导致人员伤亡，特别是当火灾发生在人员密集的生产区域或逃生通道受阻时。此外，火灾中产生的有毒烟雾和有害物质，如不及时控制，可能随风扩散，对周边环境和居民健康造成长期影响，引发次生灾害。

（四）火灾防控难度大

工业园区内企业的生产工艺复杂多样，每种工艺都有其特定的火灾风险点和防控要求。例如，化工企业的防火防爆要求与机械制造企业截然不同，需要采取有针对性的防控措施。同时，设备种类繁多，从简单的机械设备到复杂的自动化系统，都需要专业的消防安全管理和维护。

工业园区内员工众多，且由于企业更替、项目变化等原因，人员流动性较大。不同岗位与工龄员工的安全意识和自救互救能力存在差异，部分员工可能缺乏必要的消防安全知识和技能培训，难以在火灾发生时做出正确的反应。此外，对临时工、外包工等群体的管理也是一大挑战，他们可能不熟悉园区的消防安全规定，增加了火灾防控的难度。

工业园区的火灾防控工作面临着多方面的挑战，需要综合考虑风险源的多样性、火势蔓延的快速性、损失的严重性以及防控的复杂性，制定全面、细致且针对性强的防控策略，确保园区的消防安全。这包括加强火源管理、完善消防设施、提高员工安全意识、建立快速响应机制等多方面措施，以构建安全、稳定的工业生产环境。

二、工业园区火灾防控易被忽略的隐患

在工业园区火灾防控的复杂体系中，尽管人们已经对许多显而易见的火灾风险给予了高度关注，但仍有一些隐患因其隐蔽性或常被忽视的特性，成为火灾事故的潜在导火索。这些易被忽略的火灾隐患，不仅威胁着园区的生产安全，还可能对周边环境和人员生命造成不可估量的损失。以下是对这些隐患的深入细致、专业系统的分析。

（一）电气系统隐患

电气系统是工业园区火灾的常见原因之一，但往往因其日常性和普遍性而被忽视。电气线路老化、接触不良、过载使用等问题，都可能产生火花或短路，引发火灾。特别是在一些老旧或维护不善的厂房与仓库中，电气系统的问题更为突出。此外，不规范的电气安装和维修操作，如私拉乱接、使用不合格电器等，也增加了火灾的风险。

图5-7　配电箱存在的隐患

（二）消防设施维护不足

消防设施是工业园区火灾防控的重要组成部分，但其维护保养状况却常被忽视。消火栓、灭火器、自动喷水灭火系统等设施，如果得不到定期的检查和维护，就可能在关键时刻失效。例如，消火栓内无水、灭火器过期未检、自动喷水灭火系统管道堵塞、水压不足或水泵损坏等问题，都会严重影响火灾的扑救效果。

图 5-8　消防设施维护不足

（三）可燃物管理不善

工业园区内可燃物众多，包括原材料、半成品、成品、包装材料等。这些可燃物如果管理不善，如堆放过高、过密，或与火源、热源距离过近，都可能成为火灾的燃烧物。此外，一些企业为了节省空间或成本，可能会将可燃物堆放在不安全的位置，如通道、楼梯间等，这不仅增加了火灾的风险，还妨碍了人员的疏散和逃生。

图 5-9　物品随意放置

（四）人员的行为因素

人员行为是工业园区火灾防控中不可忽视的因素。一些员工因缺乏消防安全意识，如随意丢弃烟蒂、违规使用明火、不遵守消防安全规定等。这些行为都可能引发火灾。此外，部分员工对火灾的危害认识不足，缺乏自救互救能力，一旦发生火灾，无法及时有效地应对。

（五）消防应急预案不完善

虽然许多工业园区都制定了火灾应急预案，但预案的完善性和可操作性却存在差异。一些预案可能过于笼统、缺乏针对性，或未考虑到实际情况的变化。此外，预案的演练和培训也可能不足，导致员工在火灾发生时无法按照预案的要求进行有效的应对。

工业园区火灾防控工作中存在的易被忽略的隐患是多方面的，包括电气系统隐患、消防设施维护不足、可燃物管理不善、人员行为因素以及应急预案不完善等。为了降低火灾的风险，必须对这些隐患给予足够的重视，加强日常检查和维护，提高员工的消防安全意识和自救互救能力，完善火灾应急预案并加强演练和培训。

案例5-6：伟嘉利工贸有限公司厂房"4·17"重大火灾事故

2023年4月17日14时1分，位于浙江省金华市武义县泉溪镇凤凰山工业区的浙江伟嘉利工贸有限公司的厂房发生重大火灾事故，共造成11人死亡。

起火建筑为两栋毗邻的三层钢结构厂房，共租赁给6家企业。

经查，火灾原因系电焊工违章电焊产生的高温焊渣掉落引燃下方的拉丝漆引发火灾。起火建筑为三层钢结构厂房，建筑产权单位为浙江伟嘉利工贸有限公司。该厂房分租给武义家风工贸有限公司、金华市烨立工贸有限公司、陈龙五金、武义宏晟木业有限公司、永康众河工贸有限公司、武义钰轩门业等6家企业。最先起火的厂房，其一层和二层主要生产、存储钢质防盗门，三层主要生产存储木质防火门。起火厂房内南门附近，设有一处喷漆车间，由透明采光瓦封闭，上方设置有天井与二层贯通。

事故调查组认定，浙江武义伟嘉利工贸有限公司"4·17"重大火灾事故是一起因违法电焊施工引燃违规存放的拉丝调制漆引发火灾并迅速蔓延，业主违法搭建并改变厂房使用性质，导致疏散楼梯、自动消防设施等安全条件不符合规范，企业未开展应急救援演练导致人员死亡的重大生产安全责任事故。

主要问题教训：两栋厂房以丁类性质申报消防审批，擅自改变使用功能，实际主要用于木门、铜门等产品生产、仓储，存在喷漆等工艺段，部分火灾危险性为甲类，与建筑消防安全设计不符，建筑防火、消防设施等不符合实际要求。厂房随意分隔后出租，一层一厂，甚至一层多厂，未明确厂区消防安全管理责任人和管理人，未建立统一的消防安全管理组织，未明确承租各方消防责任，消防安全责任不清、管理混乱，起火后无人组织各承租企业员工疏散逃生。一层企业员工发现起火后，无人通知第三层企业的员工逃生。电焊人员实施电焊作业操作时，未落实动火作业安全管理措施，未落实人员看护，未对周边可燃物实施清理，发现起火后也未采取有效扑救措施。

事故发生后，依法追究相关人员的刑事责任。

1. 胡某文，伟嘉利公司法定代表人，事发厂房房东。2023年4月18日因涉嫌重大责任事故罪被武义县公安局依法刑事拘留。

2. 程某杰，家风公司法定代表人，火灾发生单位主要负责人。2023年4月18日因涉嫌重大责任事故罪被武义县公安局依法刑事拘留。

3. 应某，家风公司财务负责人，程俊杰妻子。2023年4月18日因涉嫌重大责任事故罪被武义县公安局依法刑事拘留。

4. 陈某东，家风公司厂长兼安全员。2023年4月18日因涉嫌重大责任事故罪被武义县公安局依法刑事拘留。

5. 成某，家风公司事发时无证电焊作业负责人。2023年4月18日因涉嫌重大责任事故罪被武义县公安局依法刑事拘留。

6. 杨某文，家风公司事发时无证电焊作业人员。2023年4月18日因涉嫌重大责任事故罪被武义县公安局依法刑事拘留。

7. 王某旭，家风公司事发时无证电焊作业人员。2023年4月18日因涉嫌重大责任事故罪被武义县公安局依法刑事拘留。

8. 李某亮，家风公司事发时无证电焊作业帮工。2023年4月18日因涉嫌重大责任事故罪被武义县公安局依法刑事拘留。

9. 李某，家风公司表面车间主任。2023年5月10日因涉嫌重大责任事故罪被武义县公安局依法刑事拘留。

根据事故调查报告对有关责任人员及责任单位处理建议，除了对伟嘉利公司法定代表人、事发厂房房东胡某文等9名人员已被司法机关采取刑事强制措施，还对20名有关公职人员进行处理，对事故企业依法进行处理。

案例5-7：河北沧县废弃冷库拆除工程"3·27"重大火灾事故

2023年3月27日，河北省沧县一个废弃冷库在拆除过程中发生重大火灾事故，造成11人死亡，1人受伤，直接经济损失约1323万元。

经查，拆除废弃冷库过程中，现场作业人员使用气焊切割库内金属货架时，气割火焰引燃库内墙面保温材料引发火灾。

起火建筑原为崔尔庄枣业有限公司的保鲜冷库，建于2007年，2008年投入使用，2021年废弃。2023年年初，该废弃冷库所处地块被当地政府征收。该冷库为单层砖混结构，建筑内中间为一条宽约5.7米的南北向通道，西侧分布5个库房、东侧6个库房。墙体保温材料内层为厚约10厘米的聚苯乙烯保温板，外层喷涂厚约5厘米的聚氨酯泡沫材料。库房内设置有约2.65米高的金属货架，货架上置竹排。

主要问题教训：该拆除工程违法承揽、转包，未将有关资料向当地住建部门备案，施工单位、拆除现场负责人无相应资质，未对拆除物的实际状况、周边环境、防护措施等进行风险排查，未能及时发现现场存在的火灾风险。不具备安全管理能力，没有拆除冷库的经验，未对气割区域内的可燃物采取任何安全防护措施，未安排人现场监护，也未配备任何消防器材。临时雇佣施工人员，三组不同工种工人同时交叉作业。现场动火施工的6人未取得相应资格证件，未接受过安全教育培训，安全意识缺失，违规动火，冒险作业，造成重大人员伤亡。

案例5-8：凯信达商贸有限公司"11·21"特别重大火灾事故

2022年11月21日16时许，河南省安阳市文峰区安阳市凯信达商贸有限公司发生特别重大火灾事故，造成42人死亡、2人受伤，直接经济损失12311万元。

调查认定，河南安阳市凯信达商贸有限公司"11·21"特别重大火灾事故是一起企业负责人严重违法违规、主体责任不落实，地方党委政府及其有关部门和单位履职不到位而导致的生产安全责任事故。

经查，火灾原因系凯信达商贸有限公司负责人在一层仓库内违法违规电焊作业，高温焊渣引燃包装纸箱，导致纸箱内的瓶装聚氨酯泡沫填缝剂受热爆炸起火。

火灾发生时，凯信达公司一层仓库的部分消防设施缺失、二层的被人为关停失效，尚鑫公司负责人未及时有效组织员工疏散撤离，是造成大量员工伤亡的重要原因。火灾发生时，建筑内共有116人，其中74人成功逃生（2人受伤），共有42人死亡，伤亡人员均为在第二层尚鑫公司内的员工。

主要问题教训：起火建筑为两层钢结构，厂房原设计为民用展厅，违规改造为5个生产车间和3个仓库。一层仓库内违规电气焊作业，未落实现场安全监护措施。厂房内有多家企业，楼上生产加工，楼下物流仓储，主要为制衣车间、家具厂、医药仓库，堆放大量针织物、原棉、塑料制品，发生火灾后快速蔓延。厂房未经消防审核验收，多家企业无人负责消防管理，消防设施无法正常使用。

三、工业园区的火灾防控措施

针对工业园区火灾防控工作的特点，可以采取以下措施来加强火灾防控工作。

1.进行全面的火灾风险评估

企业应定期进行火灾风险评估，识别潜在的火灾源和风险点，制定相应的防控措施。评估内容应包括园区的物资储存情况、电气设施状况、消防设备配置等。

通过风险识别与分析、风险量化评价、风险等级划分等方法，对本单位内的火灾风险进行全面评估，为防控策略的制定提供依据。

2.完善消防设施与设备

企业应配置完善的消防设施与设备，包括火灾报警系统、灭火器材、消火栓、喷淋系统等。这些设施和设备应定期维护、检查和保养，确保其正常运行。

根据不同场所和火灾类型的特点，合理配置相应的消防设施。例如，对于存放易燃易爆物品的场所，应设置自动喷水灭火系统或泡沫灭火系统。

3.加强安全出口与疏散通道的管理

企业的安全出口和疏散通道应保持畅通无阻，标识清晰可见。

禁止在安全出口和疏散通道上堆放杂物或设置障碍物，确保人员在紧急情况下能够迅速撤离。同时，应开展定期疏散演练，提高员工的疏散应急能力。

4.建立废物和危险物料处理制度

工业园区应建立完善的废物和危险物料处理制度，确保废物储存和处理的安全可控。对于易燃易爆、有毒有害等危险物料，应严格按照相关规定进行储存和处理。加强对危险物料储存场所的监控和管理，防止因泄漏或不当操作引发爆炸或火灾。

5. 加强电气火灾防控

定期检查和维护电气设备,确保电线、插座和开关的正常使用。禁止乱拉乱接电源线,禁止乱动电气设备。

对于老旧或存在安全隐患的电气设备,应及时进行更换或维修。

6. 加强化学品火灾防控

严格管理危险化学品,做好分类储存,禁止存放易燃物品。应建立适当的应急处理措施,一旦发生泄漏或事故,应立即启动应急预案。

加强对化学品储存场所的通风和监控,防止因化学反应或高温引发火灾。

7. 提高员工消防安全意识和应急处置能力

定期组织员工进行消防安全知识培训和应急演练,提高员工的火灾防范意识和自救互救能力。

确保每位员工都熟悉火灾报警方法、灭火器材的使用方法和疏散逃生路线,能够在紧急情况下迅速响应和行动。

8. 制定详细的应急预案

针对可能发生的火灾事故,制定详细的应急预案,明确应急组织、救援流程、通讯联络等事项。

消防应急预案应定期进行修订和完善,确保其适应本单位实际情况和火灾防控工作的需要。

9. 加强火灾监控和预警系统建设

工业园区内的企业应建立火灾自动报警系统和监控预警系统,通过安装烟雾探测器、温度传感器等设备,实时监测火灾。

一旦发现火灾隐患或火情,系统应立即触发报警,并通过广播、短信、微信等方式通知相关人员和部门,确保火灾信息传达及时准确。

10. 加强消防安全管理

工业园区应建立健全消防安全管理制度,明确各级管理人员的职责和义务。加强对制度执行情况的监督和考核,确保各项规定得到有效落实。

加强对工业园区内企业的消防安全检查和管理,确保其符合消防安全要求。对于存在火灾隐患的企业,应及时督促其整改并消除隐患。

第三节 办公场所

办公场所作为城市功能的重要组成部分，其消防安全直接关系到人员的生命安全和财产安全。随着现代化办公设备的普及和办公环境的多样化，办公场所的火灾防控面临着新的挑战。本节详细阐述办公场所火灾防控的特点、措施以及易被忽略的隐患，并通过具体案例加以说明。

一、办公场所的火灾防控特点

办公场所火灾防控的显著特点主要体现在以下几个方面。

1. 人员密集，疏散难度大

办公场所作为日常工作的聚集地，通常容纳着大量工作人员。在火灾等紧急情况下，人员疏散成为首要难题，特别是在高层民用建筑中，有限的疏散通道极易造成拥堵，增加恐慌情绪，对人员安全构成严重威胁。

2. 电器设备多，电气火灾风险高

现代办公场所充斥着各种电器设备，如电脑、打印机、复印机等，这些设备及其复杂的电气线路若使用不当或缺乏维护，极易因短路、过载等原因引发电气火灾，给办公场所带来重大的安全隐患。

3. 易燃可燃物品多，火势蔓延快

办公场所内通常存放着大量纸张、文件、家具等易燃可燃物品。这些物品在火灾中极易燃烧，火势会迅速蔓延，并产生大量有毒烟雾，对人员的生命安全构成极大威胁，增加了火灾的危害性和扑救难度。

4. 隐蔽角落多，火灾发现晚

办公场所内部结构往往较为复杂，存在许多隐蔽角落，如储藏室、机房、闷顶、管道井等。这些区域内的火源，在火灾初期往往不易被发现，导致火势得以蔓延，错失了最佳的扑救时机，给火灾防控工作带来极大挑战。

5. 消防安全意识薄弱，自救能力有限

部分办公人员缺乏必要的消防安全知识，对火灾的预防和应对能力不足。在火灾发生时，他们容易慌乱失措，无法有效地进行自救和互救，从而增加了火灾造成的人员伤亡风险。

二、办公场所火灾防控易被忽略的隐患

在办公场所火灾防控中，存在一些易被忽略的火灾隐患，这些隐患往往成为火灾发生的导火索。针对办公场所火灾防控中易被忽略的六大隐患，以下是对每一点更为详细的说明。

1.电器设备使用不当

电器设备如电脑、打印机、复印机等，在使用过程中若长时间不关机、不拔插头，或放置在易燃材料附近，都可能导致设备过热，甚至引发短路，从而引发火灾。员工应养成良好的用电习惯，确保下班后关闭所有电器设备电源，并将设备放置在通风良好、远离可燃物的位置。

案例：2018年某公司办公室发生火灾，起火原因为员工下班时未关闭电脑和打印机，导致电器过热引发火灾。

分析：许多员工在使用电器设备时缺乏安全意识，下班时忘记关闭电源或未将电器设备放置在安全位置，导致电器过热或短路引发火灾。

2.插线板的选择与使用不规范

插线板是办公场所中常用的电器配件，但选择与使用不当极易引发火灾。

插板作为电器连接的重要工具，其安全性直接关系到用电安全和生命财产安全。然而，市场上充斥着大量劣质插板，这些产品往往存在诸多安全隐患，其中漏电问题尤为突出。首先是设计不合理，部分劣质插板设计不科学，如内部布局混乱、没有设置足够的保护措施（如保险丝、过载保护开关等），使得在异常情况下无法及时切断电源，从而引发漏电。其次是材质低劣，劣质插板多采用回收料或劣质塑料制成，这些材料绝缘性能差，易老化、开裂，导致电流通过非预期路径泄漏。再次是工艺粗糙，生产过程中，劣质插板往往存在焊接不牢固、接线端子松动等问题，这些都会增加漏电的风险。

除了选择合格的产品外，在使用过程中也要注意规范，如插线板上堆放过多物品，或连接多个大功率电器导致线路过载，都可能引发短路或接触不良引发火灾。因此，应规范插线板的使用，避免连接过多电器，确保插线板周围无易燃物，并定期检查插线板的线路和插头是否损坏。

案例：2019年某写字楼内的办公室发生火灾，起火原因为插线板上连接了多个大功率电器，导致线路过载引发火灾。

分析：插线板是办公场所中常见的电器配件，但许多员工在使用时缺乏安全意识，随意连接多个大功率电器或堆放易燃物品在插线板周围，导致线路过载或短路引发火灾。

3.可燃物品堆放不当

办公场所中常有大量的纸张、文件、塑料制品等可燃物品。若这些物品堆放不当，如堆积过高、过密，或未采取防火措施，一旦遇到火源或高温，极易引发火灾并迅速蔓延。因此，应合理规划可燃物品的存放位置，确保通风良好，并采取必要的防火措施，如设置防火隔离带、使用防火材料等。

案例：2024年某公司办公室发生火灾，起火原因为办公室内堆放了大量纸张和文件，且未采取防火措施，导致火灾迅速蔓延。

分析：办公场所中纸张、文件等易燃物品多，若堆放不当或未采取防火措施，一旦遇到火源或高温，极易引发火灾并迅速蔓延。

4.消防设施维护不善

消防设施是办公场所火灾防控的重要组成部分，包括灭火器、消火栓、火灾报警系统等。若这些设施维护不善，如灭火器过期未检、消火栓无水或水压不足、火灾报警系统失灵等，将无法在火灾发生时发挥应有的作用。因此，应定期对消防设施进行检查和维护，确保设施完好有效，并及时更换损坏的器材。

案例：2024年某办公楼发生火灾后，但由于消防设施日常维护保养不善，灭火器无法正常使用，室内消火栓无水，导致火势扩大。直到消防救援人员到来才将火灾扑灭，造成了重大财产损失与社会影响。

分析：消防设施是办公场所火灾防控的重要组成部分，但若维护不善或未及时更换损坏的器材，一旦发生火灾，将无法发挥应有的作用。

5.吸烟区域管理不善

许多办公场所设有吸烟区域，但若管理不善，如未设置专门的烟蒂处理设施、员工随意乱扔烟蒂等，极易引发火灾。烟蒂内部的温度极高，约有700℃~800℃，若未熄灭随意扔在可燃物上，很容易引发火灾。因此，应加强对吸烟区域的管理，设置专门的烟蒂处理设施，并教育员工养成良好的吸烟习惯，确保烟蒂熄灭在指定位置。

案例：2022年某公司吸烟室发生火灾，起火原因为员工在吸烟室内乱扔烟蒂，导致烟蒂引燃周围可燃物。

分析：许多办公场所设有吸烟区域，但若管理不善或员工缺乏安全意识，随意乱扔烟蒂或未将烟蒂熄灭在指定位置，极易引发火灾。

6. 隐藏式火源未被发现

办公场所内存在一些隐藏式火源，如隐藏在吊顶内的空调内机、墙壁或地板内的电线、电缆等。这些潜在的火源若未及时发现并处理，如电线老化、接触不良等，一旦引发短路或过热，将很难被及时发现和扑灭，从而导致火灾的发生。因此，应定期对办公场所的电线、电缆等隐蔽部位进行检查和维护，确保线路安全可靠，并及时处理发现的隐患。

案例：2023年某写字楼发生火灾，起火原因为隐藏在天花板内的电线老化短路引发火灾。

分析：办公场所内存在一些隐藏式火源，如隐藏在天花板、墙壁或地板内的电线、电缆等。这些潜在的火源若未及时发现并处理，一旦老化或短路，将引发火灾并难以扑救。

办公场所火灾防控中易被忽略的火灾隐患形式多种多样，需要采取针对性的措施进行防范。通过加强对员工的消防安全教育、严格电气安全管理、控制可燃物品存放、完善消防设施、加强日常巡查和监控以及建立应急响应机制等有效措施，可以有效地降低办公场所火灾的发生概率和危害程度。

三、办公场所的火灾防控措施

针对办公场所火灾防控的复杂性和特殊性，必须采取一系列全面、细致且专业的措施，以确保人员生命安全和财产安全。以下是对各项措施的深入、细致、专业的论述。

1. 加强消防安全教育

（1）定期开展培训。组织员工参加消防安全培训，内容涵盖火灾的基础知识、预防措施、疏散逃生技巧以及灭火方法等。通过培训，提高员工的消防安全意识和自救能力。

（2）制定应急预案。根据办公场所的实际情况，制定详细的火灾应急预案。预案应明确疏散路线、集合点、紧急联系方式等信息，并确保每位员工都熟悉并掌握。此外，还应定期组织员工进行应急演练，以检验预案的可行性和有效性。

（3）宣传与教育。利用宣传栏、内部网络、微信公众号等多种渠道，定期发布消防安全知识和案例，增强员工的消防安全意识。

2.严格电气安全管理

（1）定期检查。定期对电气线路和电器设备进行检查，确保无老化、破损或超负荷现象。对于发现的问题，应及时进行维修或更换。

（2）规范使用。禁止私拉乱接电线，规范使用插线板。对于多个大功率电器，应分别使用独立的插座，并避免共用一个插座以防止过载。

（3）集中管理。设立专门的机房或配电室，对重要电气设备进行集中管理和监控。这样可以及时发现并处理电气设备的问题，降低火灾风险。

3.控制可燃物品存放

（1）限制存放量。严格限制办公区域内可燃物品的存放量，如纸张、文件等。这些物品应妥善保管在防火柜或安全区域内，以降低火灾发生的可能性。

（2）定期清洁整理。定期对办公区域进行清洁和整理，确保无杂物堆积。保持通道畅通无阻，以便在火灾发生时人员能够迅速疏散。

4.完善消防设施

（1）配备器材。根据办公场所的面积和布局，配备足够的消防器材，如灭火器、消火栓、烟雾探测器等。这些器材应放置在易于取用的位置，并确保其处于良好状态。

（2）提高防控能力。在高层建筑中，应设置自动喷水灭火系统、防火分隔设施等，以提高火灾防控能力。这些设施可以在火灾初期迅速扑灭火源，防止火势蔓延。

（3）定期检查与维护。定期对消防设施进行检查和维护，确保其完好无损。对于损坏或失效的器材，应及时进行更换或维修。

5.加强日常巡查和监控

（1）设立防火巡查小组。设立专门的消防安全巡查小组，确定专兼职安全管理人员，定期对办公区域进行巡查。巡查内容应包括电气线路、电器设备、易燃物品存放、消防设施等方面，及时发现并消除火灾隐患。

（2）安装监控设备。在办公区域安装监控摄像头，进行24小时监控。确保无死角覆盖，以便在火灾发生时能够迅速定位火源并采取相应的扑救措施。

6.建立应急响应机制

(1)制定应急流程。根据办公场所的实际情况,制定详细的火灾应急响应流程。流程应明确报警、疏散、扑救等各个环节的职责和操作步骤,以确保在火灾发生时能够迅速、有序地进行应对。

(2)组织消防演练。定期组织员工进行消防演练,以提高员工的应急响应能力和协同作战能力。通过演练,可以检验应急预案的可行性和有效性,并发现存在的问题和不足,及时进行改进和完善。

办公场所火灾防控工作需要采取一系列全面、细致且专业的措施。通过加强消防安全教育、严格电气安全管理、控制易燃物品存放、完善消防设施、加强日常巡查和监控以及建立应急响应机制等有效措施的实施,可以有效地降低办公场所火灾的发生概率和危害程度,确保人员的生命安全和财产安全。

第四节 宾馆与酒店

一、宾馆与酒店的火灾防控特点

宾馆与酒店,作为人员密集且功能多样的公共场所,其火灾防控工作面临着诸多独特挑战。

1. 火灾荷载大

宾馆与酒店在内部装修时,往往大量使用易燃、可燃材料,如木材、布料、聚氨酯泡沫塑料等。这些材料在火灾中极易燃烧,且燃烧速度快,导致火势迅速蔓延。

火灾过程中,这些材料还会释放出大量的有毒烟气,如一氧化碳、氰化氢等,对人员的生命安全构成严重威胁。特别是在密闭或半密闭空间内,由于排烟困难,有毒烟气的积聚速度更快,危害更大。

因此,宾馆与酒店在装修时应尽量选择难燃或不燃材料,并加强通风与防排烟设施的建设,以降低火灾荷载和有毒烟气的危害。

2. 建筑结构复杂

高档宾馆和酒店通常集住宿、餐饮、会议、娱乐等多种功能于一体,导致建筑结构复杂多变。这种复杂性不仅体现在建筑布局上,还体现在楼层高度、通道设置、防火分隔等方面。

复杂的建筑结构使得火灾扑救和人员疏散工作变得尤为困难。火灾发生时,消防救援人员需要迅速熟悉建筑布局,找到有效的灭火途径;而被困人员疏散则需要就近的原则,考虑多个出口和疏散路线的选择。

因此,宾馆与酒店在设计时应充分考虑消防安全需求,合理布局建筑结构和通道设置,确保在火灾发生时能够快速有效地进行扑救和人员疏散。

3. 用火用电用气频繁

宾馆与酒店的厨房是火灾的高风险区域。烹饪过程中使用的明火、高温油锅等都可能成为火灾的源头。同时,厨房内的油烟管道如果清理不及时,也可能引发火灾。

除了厨房用火外,宾馆与酒店内的电器设备使用也非常频繁。如空调、电视、电热水器等设备的长时间运行可能导致电路过热、短路等问题,进而引发火灾。

旅客的不当用电行为也是火灾隐患之一。如使用不合格的电器产品、私拉乱接电线、在床上使用充电设备等行为都可能引发火灾。

因此,宾馆与酒店应加强对厨房和电器设备的管理和维护工作,定期对油烟管道进行清理检查,并对旅客进行用电安全提示。

4.夜间经营活动为主

宾馆与酒店以夜间经营活动为主,这意味着在火灾发生时,大部分人员都处于睡眠状态。睡眠中的人员对火灾的警觉性较低,发现火灾困难,紧急疏散速度较慢。

夜间发生的火灾不同于白天,还可能伴随着照明与指示的困难,烟雾和有毒气体的迅速扩散,更进一步增加了疏散难度和伤亡风险。

因此,宾馆与酒店应特别加强夜间的消防安全管理工作。如设置有效的火灾报警系统、加强防火巡查、确保疏散通道和出口的畅通无阻、定期进行夜间消防演练等。

二、宾馆与酒店火灾防控易被忽略的隐患

在宾馆与酒店的日常运营中,消防安全管理工作是至关重要的。然而,在实际操作中,往往存在一些易被忽略的火灾隐患,这些隐患可能对人员和财产造成重大损失。

1.安全出口锁闭或数量不足

部分宾馆为了管理方便,夜间可能会锁闭部分安全出口,或者在设计时安全出口的数量就设置不足。这种做法导致在火灾发生时,会严重影响人员的疏散效率,增加伤亡风险。

安全出口是人员疏散的主要通道,必须保持畅通无阻。宾馆与酒店应确保所有安全出口在任何时候都处于可开启状态,并定期检查和维护。

图5-10　逃生通道被闭锁

2.疏散通道堵塞

疏散通道是人员疏散的关键路径，必须保持畅通。然而，在实际操作中，由于杂物堆放、物品摆放不当等原因，疏散通道往往会被堵塞。

宾馆与酒店应制定严格的物品摆放规定，确保疏散通道的宽度和畅通度符合消防安全要求。同时，还应定期进行巡查，及时发现并清理堵塞物。

3.消防设施损坏或过期

消防设施是及时发现与扑救初期火灾的重要工具，包括灭火器、消火栓、喷淋、自动报警系统等。然而，由于维护不当或管理疏忽，这些设施往往会损坏或过期。

宾馆与酒店应建立完善的消防设施维护保养制度，定期对消防设施进行检查、测试和维修。对于损坏或过期的设施，应及时更换或修复，确保其处于良好的工作状态。

案例5-9：吉林省白山市某酒店婚礼现场火灾

时间：2024年9月8日。

地点：吉林省白山市湾沟镇一酒店。

过程：酒店在举行婚礼时发生火灾，现场黑烟滚滚，火势汹涌，火焰不断从酒店屋顶窜出，整个屋顶被烧穿。酒店工作人员立即组织宾客有序撤离，消防救援人员迅速到场扑灭火势。

火灾原因：店内电力短路引起。

整改建议：定期对酒店电气线路进行检查和维护，及时更换老化线路，避免超负荷用电。

安装电气火灾监控系统，实时监测电气线路的运行状态，及时发现并处理电气火灾隐患。

加强员工消防安全培训，提高员工对电气火灾的防范意识和应急处理能力。

4.旅客消防安全意识淡薄

部分旅客对消防安全知识了解不足，存在卧床吸烟、违规使用电器等不安全行为。这些行为极易引发火灾，对人员和财产造成威胁。

宾馆与酒店应加强旅客的消防安全教育与提示，通过宣传册、视频、讲座等形式向旅客普及消防安全知识。同时，还应加强巡查力度，及时发现并制止旅客的不安全行为。

案例5-10：北京市大兴区某酒店火灾

时间：2024年6月28日10时52分。

地点：北京市大兴区某酒店。

过程：酒店一个房间内的柜子内起火，火势蔓延至整个房间。酒店店主在火灾初期未及时报警，导致火势扩大。最终消防救援人员到场扑灭火势，所幸未造成人员伤亡。

火灾原因：一位旅客使用简易衣物烘干机烘烤衣物，离开房间后未断电，衣服在长时间烘烤下起火。

整改建议：提醒旅客注意用电安全，禁止在房间内使用大功率电器或长时间无人看管的电器。

酒店应定期检查房间内的电器设备，确保设备安全可靠。

建立完善的火灾报警机制，确保在火灾初期能够及时报警并采取有效措施进行扑救。

三、宾馆与酒店的火灾防控措施

宾馆与酒店的消防安全防控工作涉及多个方面，需要全面、细致地进行管理和控制。

1. 加强电气线路管理

电气线路是宾馆与酒店火灾的常见原因之一，因此必须加强电气线路的管理。

定期检查电气线路，包括线路的老化情况、接头是否松动、绝缘层是否破损等，确保线路处于良好状态。

防止电气线路超负荷使用，合理规划用电负荷，避免过多电器设备同时使用导致线路过热。

对于发现的问题，应及时修复或更换，确保用电安全。

案例5-11：山东省济南市银座佳驿长清园博园店火灾

时间：2024年1月23日1时50分。

地点：山东济南市银座佳驿长清园博园店（酒店）。

过程：酒店发生火灾后，在凌晨3时现场扑救结束。受伤人员第一时间送医救治，其中有4人（参加艺考的高中学生）经抢救无效死亡。

火灾原因：违规使用明火。

整改建议：在未查明具体原因前，应全面排查酒店内可能存在的火灾安全隐患。

严格执行消防安全管理制度，禁止在酒店内违规使用明火，如吸烟、焚烧物品等。

使用符合消防安全标准的装修材料，避免使用易燃或可燃材料。

2. 严格厨房安全管理

厨房是宾馆与酒店火灾的高风险区域，因此必须严格厨房安全管理。

定期清理油烟管道，防止油垢积聚引发火灾。清理工作应定期进行，并记录清理情况。

规范用火操作，确保烹饪过程中，使用明火时有人看守，严禁在无人时进行烹饪。

配备必要的灭火器材，如灭火毯、灭火器等，以便在火灾发生时能够迅速扑灭。

3.严格控制装修材料使用

装修材料的选择和使用对宾馆与酒店的消防安全至关重要。

装修时应选用符合国家消防标准的难燃、不燃材料，减少火灾荷载。这些材料在火灾中不易燃烧，能够减缓火势蔓延速度。

对于易燃、可燃材料的使用应严格控制，并采取相应的防火措施，如涂刷防火涂料、设置防火分隔等。

4.完善应急预案

制定详细的灭火和应急疏散预案是宾馆与酒店消防安全防控的重要一环。

预案应包括火灾报警、火灾扑救、人员疏散、救援措施等内容，并明确各部门与人员的职责和协作机制。

定期组织员工进行预案演练，提高员工的应急处置能力和协作水平。演练应包括模拟火灾场景、正确使用消防设施和器材、疏散人员等环节。

对于演练中发现的问题和不足，应及时进行修正和完善，确保预案的有效性和可行性。

第五节 大型餐饮场所

一、大型餐饮场所的火灾防控特点

大型餐饮场所作为现代社会中人们社交、聚会的重要场所，其独特的环境与运营模式使其成为火灾防控的重点关注对象。以下是对大型餐饮场所火灾防控特点的系统、深入、详细分析。

1. 火源的形式多样

大型餐饮场所的火源主要来自于厨房内的明火烹饪和电气设备的使用。明火烹饪如炒锅、烤箱等，直接产生高温和火焰，是火灾的直接诱因。同时，厨房内大量使用的电气设备，如电磁炉、微波炉、电烤箱等，若使用不当或维护不善，也极易引发火灾。

明火和电气设备的广泛使用，增加了火灾发生的可能性。特别是在烹饪高峰期，厨房内人员忙碌，操作频繁，稍有不慎就可能引发火灾。此外，电气设备老化、线路短路等问题也是潜在的火灾隐患。

2. 油烟的积累

大型餐饮场所长期进行烹饪操作，产生的油烟容易在厨房设备、管道上积累。这些积累的油垢不仅影响厨房的卫生和空气质量，还可能成为潜在的火灾隐患。

油垢积累到一定程度后，如果遇到明火或高温，极易引发火灾。此外，油垢还可能堵塞管道，影响排烟系统的正常运行，进一步加剧火灾的风险。

3. 人员密集

大型餐饮场所通常拥有大量的座位和用餐区域，用餐时段人员高度集中。一旦发生火灾，人员的疏散难度大，易造成人员群死群伤的恶性事故。

人员密集使得火灾发生时的疏散变得尤为困难。如果疏散通道不畅或人员恐慌，很容易发生踩踏事故和窒息事故。

4. 可燃物多

大型餐饮场所内通常储存有大量的食材、餐具、包装物、装饰物等易燃与可燃物品。如包装蔬菜等食材的塑料筐、纸箱、聚苯乙烯泡沫箱等，这些物品在火灾中极易燃烧，导致火灾蔓延速度快。

易燃可燃物品的存在增加了火灾的蔓延速度和破坏力。如果火源附近存放有易燃可燃物品，火灾很可能迅速扩大，造成更大的损失。此外，一些装饰物如窗帘、地毯等也可能成为火灾的助燃物。

二、大型餐饮场所消防易被忽略的隐患

在大型餐饮场所的日常管理中，消防安全是至关重要的一环。然而，在实际操作中，往往存在一些容易被忽视的隐患，这些隐患若不及时发现和整改，很可能引发火灾事故，造成严重后果。以下是对这些易被忽略的隐患的系统、深入、详细论述。

1. 装饰品的大量布置

大型餐饮场所为了营造舒适、美观的用餐环境，通常会使用各种装饰品和布料，如挂画、窗帘、桌布等。然而，这些装饰品和布料往往采用易燃可燃材料制成，一旦遇到火源，极易迅速燃烧，引发火灾。

易燃可燃装饰品和布料不仅增加了火灾发生的可能性，还可能在火灾中加速火势的蔓延，产生大量有毒烟雾，对人员的生命安全构成严重威胁。

图5-11　窗帘引起火灾

2. 紧急疏散标识管理不善

紧急出口是火灾发生时人员疏散的重要通道。然而，在一些大型餐饮场所中，紧急出口标志或疏散指示标志往往不明显或被遮挡，导致人员在火灾发生时无法迅速找到疏散通道。

紧急疏散标识不明显或被遮挡，会严重影响疏散效率，增加人员伤亡的风险。在火灾中，时间就是生命，每一秒的延误都可能造成不可挽回的后果。

3. 燃气泄漏检测缺失

大型餐饮场所通常使用燃气作为烹饪能源。然而，如果未定期对燃气管道进行泄漏检测，一旦发生燃气泄漏事故，不仅会造成能源浪费，还可能引发火灾或爆炸事故。设置燃气泄漏报警装置是强制性的要求。《安全生产法》第三十六条明确规定："餐饮等行业的生产经营单位使用燃气的，应当安装可燃气体报警装置，并保障其正常使用。"《城镇燃气报警控制系统技术规程》中规定，商业和工业企业使用的可燃气体探测器使用年限为3年、家用有效期5年。

燃气泄漏是火灾和爆炸事故的重要诱因之一。2023年6月21日20时40分许，宁夏银川市兴庆区民族南街富洋烧烤店操作间液化石油气（钢瓶）泄漏引发爆炸，造成38人伤亡，其中31人经抢救无效死亡，7人受伤。燃气泄漏后，如果遇到明火或高温，极易引发火灾或爆炸，对人员的生命安全和财产造成巨大损失。

4. 顾客违规行为管理

在大型餐饮场所中，顾客的违规行为也是火灾防控的重要一环。然而，在实际操作中，往往存在顾客吸烟等行为未得到有效监管的情况。

顾客吸烟等行为不仅违反了场所的消防安全规定，还可能引发火灾事故。特别是在用餐高峰期，人员密集、空间有限，一旦发生火灾，后果不堪设想。

大型餐饮场所消防管理工作中易被忽略的隐患主要包括装饰品与布料、紧急出口标识、燃气泄漏检测以及顾客行为管理等方面。为了确保人员的生命安全和财产的保护，必须加强对这些隐患的排查和整改力度，采取切实有效的防控措施，为大型餐饮场所的消防安全提供有力保障。

三、大型餐饮场所火灾的防控措施

大型餐饮场所因其独特的运营环境和人员密集特点，成为火灾防控的重点关注对象。为了有效预防和控制火灾事故的发生，防控工作应聚焦于以下几个关键点。

1. 厨房安全管理

厨房是大型餐饮场所火灾发生的主要风险点,因此,厨房安全管理是防控工作的重中之重。具体措施:

(1)定期检查厨房设备:包括炉灶、烤箱、油烟机等,确保设备完好无损,无漏电、漏气现象。

(2)确保油烟管道清洁:油烟管道长期积累油脂和污垢,是潜在的火灾隐患。应定期请专业机构进行清洗,保持管道畅通无阻。

(3)使用防火材料隔离火源:在厨房内使用防火隔板、防火门等防火材料,将火源与可燃物隔离,防止火势蔓延。

2. 电气安全

电气设备是大型餐饮场所不可或缺的一部分,但同时也是火灾发生的重要诱因。因此,确保电气安全是防控工作的另一重点。具体措施:

(1)规范电气线路布局:避免线路交错、裸露,确保线路安全、整洁。

(2)避免超负荷使用:合理分配电气设备的使用功率,避免超负荷运行导致线路发热、短路。

(3)定期检测电气设备:包括开关、插座、电线等,确保设备性能良好,无安全隐患。

3. 消防设施完善

完善的消防设施是扑灭初期火灾、防止火势蔓延的关键。具体措施:

(1)配置足够的灭火器:根据场所面积和火灾风险等级,合理配置干粉灭火器、泡沫灭火器等不同类型的灭火器。

(2)安装烟雾报警器:在厨房、用餐区、疏散通道等关键区域安装烟雾报警器,及时发现火灾隐患。

(3)设置自动喷水灭火系统:在大型餐饮场所内设置自动喷水灭火系统,一旦发生火灾,系统能够自动启动,迅速扑灭火灾。

4. 加强对员工培训

员工是大型餐饮场所消防安全的第一道防线,因此,加强对一线员工培训,提高员工的消防安全意识和应急处理能力至关重要。具体措施:

(1)定期进行消防安全培训:包括火灾的危害性、防火措施、灭火方法、疏散逃生等内容,使员工掌握基本的消防安全知识。

（2）提高员工火灾应急处理能力：组织员工进行火灾应急演练，熟悉应急预案和疏散路线，提高员工的应急反应速度和自救互救能力。火灾发生后，优先组织顾客疏散。

大型餐饮场所的消防防控工作应聚焦于厨房安全管理、电气安全、消防设施完善以及员工培训这四个关键点。通过加强这四个方面的防控措施，可以有效降低火灾发生的可能性，确保人员的生命安全和财产的安全。同时，配以直观的示意图和定期的培训演练，可以进一步提高员工的消防安全意识和应急处理能力，为大型餐饮场所的消防安全提供有力保障。

◉ 第六节 机动车停放及充电区域

一、机动车停放及充电区域的火灾风险分析

机动车停放及充电区域,尤其是地下车库和公共停车场,因其车辆密集、燃油及电池集中存放的特性,蕴含着显著的火灾风险。以下是对各主要风险点的系统分析。

1. 电气火灾风险

电动汽车充电设施作为电能传输的关键环节,若设备老化、线路磨损或超负荷运行,极易成为电气火灾的导火索。特别是当充电桩的配电支线设计不合理,跨越防火分区时,一旦发生火灾,将难以迅速切断电源,火势可能迅速蔓延至其他区域,影响整个停车场的供电安全。

案例5-12:福建莆田新能源汽车充电站火灾

时间:2022年4月21日14时许。

过程:福建省莆田市某停车场内一辆新能源汽车在充电时突发火灾,并引燃旁边的另一辆汽车。消防部门接警后立即出动扑救,经过处置火势得到控制。

火灾原因:据分析,火灾因充电设施故障或充电过程中操作不当引发。

分析:此案例表明充电设施的安全性和可靠性对预防火灾至关重要。充电设施应定期检查和维护,确保其处于良好工作状态。同时,用户在使用充电设施时应遵守操作规程,避免过充电、使用非标准充电设备等行为。

2. 电池热失控风险

电动汽车的动力电池组是火灾风险的高发区。在充放电过程中,若锂电池管理系统失效,导致过充电、热冲击或短路,电池内部温度会急剧上升,引发热失控。电池热失控后,不仅火势猛烈,而且易于复燃,对周围车辆和人员安全构成极大威胁。此外,电池组在燃烧过程中还会释放有毒气体且有爆炸风险,增加救援难度。

案例5-13：广东惠州某小区地下停车场火灾

时间：2024年8月19日。

过程：当天上午8时10分许，广东省惠州市惠城区某小区6号楼负一层停车场起火。火势迅速蔓延，烧毁汽车三台及电动自行车多辆。消防部门迅速赶到现场处置，经过扑救火势得到控制。

火灾原因：经调查，起火原因为一辆新能源汽车电池热失控引起。该新能源车于2018年销售，现在使用的车主于2024年4月从原车主处购买，行驶里程约13万公里。

分析：此案例凸显新能源汽车电池热失控的严重后果。电池热失控可能因电池老化、过充电、短路等原因引发。在地下车库等封闭空间内，电池热失控后火势发展迅速，且易复燃，对周边车辆和人员构成严重威胁。因此，加强新能源汽车电池的安全管理和监测至关重要。

3.车辆碰撞与浸水风险

（1）车辆碰撞：停车场内车辆密集，一旦发生碰撞事故，可能导致燃油泄漏或电池组受损。燃油泄漏可能引发燃油火灾，而电池组受损则可能引发电气火灾或电池热失控。这两种情况都可能引起火灾，造成严重后果。

（2）浸水风险：地下车库等低洼地区在暴雨等极端天气条件下易发生积水。若车辆电气系统未做好防水措施，浸水可能导致电气系统短路，引发火灾。此外，积水还可能影响充电设施的正常运行，增加火灾风险。

4.管理不善与人为因素

（1）管理不善：停车场内消防设施的完好有效是预防火灾的重要保障。若消防设施未得到及时维护和更新，如灭火器过期、消火栓损坏等，将无法有效应对初期火灾，导致火势蔓延。

（2）人为因素：停车场内的人员行为也是火灾风险的重要来源。如吸烟、乱扔烟头等不文明行为可能直接引发火灾。同时，充电车位管理混乱、充电设施被占用或损坏等问题也会增加火灾风险。因此，加强人员管理、提高消防安全意识是预防火灾的重要措施。

二、机动车停放及充电区域火灾防控易被忽略的隐患

在机动车停放及充电区域，尤其是地下车库和公共停车场，火灾防控至关重要。然而，在实际操作中，一些潜在的火灾隐患往往容易被忽视，这些隐患若不及时发现和处理，可能引发严重的火灾事故。以下是对这些易被忽略的隐患的系统专业分析。

1. 电气线路老化与私拉乱接

电气线路老化是机动车停放及充电区域火灾防控中常被忽视的一个火灾隐患。随着使用时间的增长，电气线路会逐渐老化，绝缘层破损，电阻增大，容易引发短路和过载，进而产生高温和电弧，引燃周围可燃物。此外，一些车主或租户为了充电方便，私拉乱接电线，不仅违反了用电安全规定，也增加了火灾风险。私拉乱接的电线往往没有经过专业设计和专业电工的安装，容易因接触不良、过载等原因引发火灾。

2. 充电桩与充电设施的不规范安装与维护

电动汽车充电桩与充电设施的安装与维护也是火灾防控中的一个重要环节。然而，在实际操作中，一些充电桩和充电设施的安装并不规范，如未按照防火分区要求设置、未安装漏电保护装置等，这些都可能增加火灾风险。同时，充电设施的定期维护和检查也容易被忽视，如未及时更换老化的电线、插座和开关，未定期清理充电设施周围的杂物和灰尘等，这些都可能成为火灾的隐患。

3. 燃油泄漏与挥发

在机动车停放及充电区域，尤其是停放燃油车的区域，燃油泄漏与挥发是一个容易被忽视的火灾隐患。燃油泄漏可能由车辆油箱、油管或燃油系统的损坏引起，泄漏的燃油若遇到明火或高温物体，极易引发火灾。此外，燃油在挥发过程中会形成可燃性蒸汽，若浓度达到爆炸极限，遇到电火花或明火也会引发爆炸。因此，定期检查燃油系统的密封性和完整性，及时处理燃油泄漏问题，对于预防火灾具有重要意义。

4. 消防设施的缺失与失效

消防设施是机动车停放及充电区域火灾防控的最后一道防线。然而，在实际操作中，一些停车场或车库的消防设施并不完善，如未配备足够的灭火器、消火栓与喷淋等灭火设备，或灭火设备已过期、损坏，无法正常使用。此外，一些停车场的

消防通道被占用或堵塞，消防疏散指示标志不清晰或缺失，这些都可能影响火灾初期的扑救和人员疏散。

5. 人员消防安全意识淡薄

人员消防安全意识淡薄也是机动车停放及充电区域火灾防控中的一个重要隐患。一些车主或租户缺乏基本的消防安全知识，如不知道如何正确使用灭火器与消火栓、不知道如何报警求助、不知道如何在火灾中逃生自救等。这些知识的缺失可能导致在火灾发生时无法及时有效地采取措施，从而加剧火灾的危害。

6. 地下车库的特殊环境风险

地下车库由于其特殊的环境条件，也存在一些特殊的火灾隐患。首先，地下车库通风不良，火灾产生的烟雾和有毒气体难以迅速排出，容易积聚在车库内，对人员构成威胁，需要设置专门的排烟系统。其次，地下车库的结构复杂，逃生通道有限，一旦发生火灾，人员疏散困难。此外，有的地下车库内的湿度较大，容易引发电气设备受潮短路，增加火灾风险。

7. 电动汽车电池的安全管理

随着新能源电动汽车的普及，电动汽车电池的安全管理也成为机动车停放及充电区域火灾防控中的一个重要环节。电动汽车的锂电池在充放电过程中可能因过充、过放、短路等原因引发热失控，进而引发火灾。因此，对电动汽车电池的安全管理至关重要。然而，在实际操作中，一些停车场或充电站对电动汽车电池的安全管理并不规范，如未定期对电池进行安全检查、未对电池充电过程进行监控等，这些都可能增加火灾风险。

8. 应急响应机制的缺失与不完善

在机动车停放及充电区域，建立完善的应急响应机制对于及时有效地应对火灾具有重要意义。然而，在实际操作中，一些停车场或车库并未建立完善的应急响应机制，如未制定火灾应急预案、未定期组织消防演练等。这些机制的缺失可能导致在火灾发生时无法及时有效地采取措施，从而加剧火灾的危害。

机动车停放及充电区域在火灾防控中存在许多易被忽略的隐患。为了保障人员和财产的安全，必须加强对这些隐患的识别和防控，提高消防安全意识和管理水平。

三、机动车停放及充电区域的火灾防控重点措施

针对机动车停放及充电区域的火灾风险,应采取以下重点防控措施。

1.规范充电设施改造与管理

(1)增设与改造:在既有地下车库内增设、改造电动汽车分散充电设施时,应严格按照相关标准进行设计、施工和验收。保证原有的防火卷帘、防火门、防火隔墙等防火分隔构件不被擅自变动,确保充电区域与其他区域有效隔离。

(2)功率限制与布局:充电设施单台额定输出功率不应大于规定值(如60kW),直流充电桩不宜设置在地下二层及以下楼层。充电设施应尽量设置在地下车库的出入口附近,便于消防救援。

2.加强消防设施配置与维护

(1)消防设施配置:充电区域内应设置足够数量和类型合适的消防器材,包括灭火器、消防栓、自动喷水灭火系统等。消防设施应定期检查和维护,确保其处于良好工作状态。

(2)通风与排烟系统:地下车库等封闭空间应设计合理的通风和排烟系统,以排除有毒气体和烟雾。通风系统应包括自然通风和机械通风两种方式,确保火灾发生时能有效排出烟气。

3.强化消防安全培训与演练

(1)开展培训教育:对停车场管理人员和充电设施运维人员定期开展消防安全培训,提高其应急处置能力。培训内容应包括火灾预防知识、灭火技能、逃生技能等。

(2)组织应急演练:定期组织模拟演练,检验应急预案的可行性和完整性。通过演练发现并改正不足,确保在发生火灾时能够迅速、有效地进行处置。

4.完善消防安全管理制度

(1)明确安全职责:制定消防安全管理制度,明确产权人、物业服务人、充电运营企业、车辆所有人等各方的消防安全职责。建立消防安全责任制,将消防安全责任落实到个人。

(2)加强巡查与监控:充电区域内应设置专门的巡查员,定期巡查充电设施和消防设备,及时发现并消除隐患。同时,应安装火灾报警系统和监控系统,对充电区域进行实时监控。

5.推动停车充电一体化发展

（1）注重规划建设：从"停车+充电"的角度出发，发展和规划建设有充电功能的城市公共停车位。推动停车充电一体化的发展，从源头上为新能源车主提供便利的充电网络。

（2）实施智能管理：利用智慧充电运营管理平台，采用智能有序充电、共享充电、预约充电等方式，满足不同车主的充电需求。同时，通过平台对充电设施进行实时监控和管理，提高充电设施的安全性和可靠性。

图5-12 划定独立的电动车停车区域

◉ 第七节　商场与商业综合体

商场与商业综合体作为集购物、餐饮、娱乐、办公、住宿等多功能于一体的大型建筑群，因其体量大、功能复杂、人员密集、电气设备繁多等特点，面临着严峻的火灾防控挑战。

近年来，随着实体零售行业的竞争加剧和消费模式的转变，商场与商业综合体在运营过程中不仅要应对经济压力，还需高度重视消防安全。火灾一旦发生，不仅会造成重大经济损失，更可能导致群死群伤的火灾事故，社会影响恶劣。

一、商场与商业综合体消防安全管理面临的严峻形势

商场与商业综合体的消防安全管理工作形势严峻，主要体现在以下几个方面。

首先，这些场所往往建筑体量大、人员密度高、功能复杂，且可燃物众多，一旦发生火灾，火势蔓延迅速，给人员疏散和消防扑救带来极大困难。

其次，商场与商业综合体的电气照明设备多，燃气管道与电气线路复杂，火灾荷载大，增加了火灾发生的风险。

再者，由于经营人员的防火意识不强，消防安全管理不到位，常闭式防火门关不紧、疏散通道堆放杂物等问题普遍存在，进一步加剧了火灾隐患。

此外，部分商业综合体缺少防火分隔措施，一旦发生火灾，极易在短时间内形成立体燃烧，引发大量人员伤亡和巨大财产损失。

最后，消防培训与演练不足，工作人员消防安全意识较差，实际操作能力欠缺，也增加了火灾发生时的应急处置难度。因此，加强商场与商业综合体的消防安全管理，提升消防安全意识，是防范化解火灾风险、保障人民生命财产安全的关键。

二、商场与商业综合体消防易被忽略的隐患

在商场与商业综合体的消防安全管理中，除了显而易见的火源控制和消防设施维护外，还存在一些易被忽略但同样至关重要的火灾隐患。这些隐患若不及时发现

和解决，很可能成为火灾事故的发生与蔓延扩大的导火索。以下是对这些易被忽略隐患的深入、专业、系统介绍。

1. 对隐蔽区域的检查不足

（1）问题描述。商场与商业综合体内存在大量隐蔽区域，如吊顶内、管道井、设备间等。这些区域由于位置隐蔽，往往成为消防检查的盲区，长期缺乏有效的监管和维护。

（2）潜在风险。隐蔽区域内可能堆积有可燃物，如杂物、线缆外皮等，一旦遇到火源，极易引发火灾。同时，如果消防设施在这些区域内失效或损坏，将无法及时发挥作用，导致火势蔓延。

（3）应对措施。应加强对隐蔽区域的定期检查和维护，确保消防设施完好有效，及时清理可燃物，消除火灾隐患。同时，应建立完善的隐蔽区域管理制度，明确检查周期和责任人。

2. 商户装修管理

（1）问题描述。通过招商引资进入的小商户在进行二次装修过程中，为了美观或节省成本，可能擅自改变原有消防设施布局，或使用不符合消防要求的装修材料。

（2）潜在风险。擅自改变消防设施布局可能导致消防设施无法正常工作，如增加隔墙会影响火灾探测器与喷淋头的保护范围。而使用不符合要求的装修材料，则可能增加火灾风险。此外，在装修施工过程中产生的火花、电焊渣等也可能引发火灾。

（3）应对措施。应加强对商户装修过程的监管，确保装修方案符合消防要求，严禁擅自改变消防设施布局。同时，应要求商户使用符合消防标准的装修材料，并定期对装修现场进行消防安全检查。

案例5-14：四川省自贡市某百货大楼火灾

起火时间：2024年7月17日18时许，自贡市高新区某百货大楼发生火灾。

报警与响应：自贡市消防救援支队指挥中心接到报警后，立即调派救援力量前往处置。随后，内江、泸州、宜宾、成都等地的消防救援部门也增援现场。

火势控制：当日20时50分，火势得到有效控制。22时许，现场明火被扑灭。

救援结束：2024年7月18日凌晨3时，现场救援结束，确认现场已无被困人员。

伤亡情况：火灾造成16人遇难，另有39人受伤。其中，重症1人、轻症29人，其余9人经评估后离院。

起火原因：据官方通报，此次火灾事故由施工作业引发。具体而言，装修工程现场施工人员使用电焊进行切割作业，产生火花引燃周边可燃物，最终酿成火灾。起火点可能位于建筑1层或负1层，且火势迅速蔓延至裙楼的第1、4、5、6层，形成立体燃烧状态。此外，消防通道被锁闭等问题也加剧了火灾的危害。

案例5-15：池州铜锣湾商业广场火灾

时间：2021年4月6日上午8时52分。

地点：安徽省池州市贵池区铜锣湾商业广场。

后果：火灾造成4人死亡，2人受伤，直接经济损失558.44万元。

起火原因：初步调查为现场施工人员拆除自动扶梯时，气割作业产生的高温熔融物掉落至可燃物（如油污、装饰板等）引发火灾。

建筑情况：铜锣湾商业广场为多层商业建筑，包含购物、娱乐、餐饮等多种功能区域。

3.消防车通道被占用

（1）问题描述。商场周边消防车道常被停放的车辆占用，导致消防车无法及时到达火灾现场。

（2）潜在风险。消防车通道是火灾发生后实施救援的生命通道，一旦被占用，将严重影响消防车的通行速度，延误救援时机，增加火灾损失。

（3）应对措施。应加强对消防车通道的管理，确保消防车通道畅通无阻。可以通过设置警示标识、划定专用停车位等方式，引导车辆规范停放。同时，应加强与周边单位的协调沟通，共同维护消防车通道的畅通。

4.顾客行为管理

（1）问题描述。顾客在商场内吸烟、乱扔烟蒂等行为易引发火灾。

（2）潜在风险。烟蒂等可燃物若未妥善处理，极易引发火灾。同时，顾客在商场内吸烟也可能导致火灾探测器误报或失效，影响火灾的及时发现和处置。

（3）应对措施。应加强对顾客行为的引导和管理，设置明显的禁烟标识，并配备足够的烟蒂收集器。同时，应加强对商场内吸烟行为的巡查和制止，确保商场内的消防安全环境。

5. 应急预案不完善

（1）问题描述。部分商场应急预案缺乏针对性和可操作性，无法有效应对实际发生的火灾事故。

（2）潜在风险。应急预案是火灾救援的重要依据，如果预案不完善或缺乏针对性，将导致救援行动混乱无序，无法及时有效地控制火势和疏散人员。

（3）应对措施。应根据商场的实际情况和火灾风险特点，不断完善和优化应急预案。预案应明确救援流程、责任分工、疏散路线等内容，并定期进行演练和评估，确保预案的有效性和可操作性。同时，应加强对员工的消防安全培训，提高员工的应急处置能力。

商场与商业综合体在消防安全管理中应高度重视易被忽略的火灾隐患，加强隐蔽区域检查、商户装修管理、消防车通道管理、顾客行为引导以及应急预案完善等方面的工作。只有全面细致地排查和消除各类火灾隐患，才能确保商场与商业综合体的消防安全，保障人民群众的生命财产安全。

三、商场与商业综合体火灾的防控措施

商场与商业综合体作为城市经济活动的重要载体，其消防安全不仅关乎人民群众的生命财产安全，也是社会稳定和谐的重要保障。因此，针对商场与商业综合体的消防防控，需从多个维度进行深入、专业、系统的规划和实施，以下是对防控重点的详细论述：

1. 建筑设计与布局

（1）合规性。商场与商业综合体的建筑设计与施工必须严格遵守国家及地方的消防规范，确保建筑的安全性。这包括建筑的耐火等级、防火分区、疏散距离等关键参数的设置。

（2）疏散设施。安全出口、疏散通道和消防车通道是火灾时人员疏散和消防救援的生命线。这些设施的设置应科学合理，数量足够，且必须保持畅通无阻，不得被任何物品堵塞或占用。

（3）导向标识。在商场内应设置明显的疏散指示标识与应急照明，以便在火灾等紧急情况下，人员能够迅速找到疏散通道和安全出口。

2.消防设施与器材

（1）配备齐全。商场与商业综合体应配足配齐各类消防设施器材，如自动喷水灭火系统、火灾自动报警系统、消火栓、灭火器等。这些设施器材是火灾初期扑救和控制火势扩散的重要手段。

（2）定期检查。消防设施器材应定期进行检查和维护，确保其完好有效。对于发现的问题，应及时进行修复或更换，避免设施器材在关键时刻因失效而不能发挥作用。

（3）专业培训。对于消防设施器材的使用和维护，应组织专业人员进行培训，确保相关人员能够熟练掌握操作技能。

3.燃气与电气安全

（1）检查维护。燃气管线、电气线路和用电设备是商场与商业综合体火灾的主要风险源之一。因此，应加强对这些设施的检查和维护，确保其处于良好状态。

（2）严禁违章。严禁违章使用大功率电器设备，避免电气线路过载引发火灾。同时，应建立电气安全管理制度，明确电气设备的使用和维护要求。

（3）应急措施。对于电气火灾等紧急情况，应制定应急预案，并定期组织演练，确保在火灾发生时能够迅速有效地进行处置。

4.动火作业管理

（1）严格审批。建立严格的动火作业管理制度，动火作业前须进行审批，并获取动火许可证。审批过程中，应对动火作业的风险进行评估，并制定相应的安全措施。

（2）现场核查。在动火作业前，应进行现场核查，确保作业现场符合安全要求，如清除可燃物、配备消防器材等。在营业期间，严禁动火作业。

（3）复查确认。动火作业结束后，应进行复查，确保无遗留火种和安全隐患。同时，应建立动火作业档案，记录作业过程和检查结果。

5.人员培训与演练

（1）定期培训。定期组织员工进行消防安全培训，提高员工的消防安全意识和自救互救能力。培训内容应包括消防法律法规、火灾预防知识、消防设施器材的使用方法等。

（2）实战演练。开展消防演练是检验消防预案和人员应急能力的有效手段。通过模拟火灾等紧急情况，让员工熟悉火灾应急预案和疏散路线，提高应对火灾等突发事件的能力。

（3）持续改进。根据培训和演练的结果，及时总结经验教训，对消防预案和防控措施进行持续改进和完善。同时，应建立消防安全管理长效机制，确保商场与商业综合体的消防安全工作持续有效。

商场与商业综合体的消防防控工作是一项系统工程，需要从建筑设计与布局、消防设施与器材、电气安全、动火作业管理以及人员培训与演练等多个方面进行综合考虑和规划。只有全面落实各项防控措施，才能确保商场与商业综合体的消防安全，保障人民群众的生命财产安全。

◉ 第八节 医院

医院，作为救死扶伤的重要场所，承载着无数生命的希望与寄托。然而，由于其特殊性，医院在火灾防控工作中也面临着诸多挑战。患者行动不便、医疗设备众多、易燃物品存储等因素，使得医院的火灾风险相对较高。因此，加强医院火灾预防与应对工作显得尤为重要。

本节内容旨在通过深入浅出的方式，向普通社会公众普及医院火灾防控的知识，提高大家的消防安全意识和自我保护能力。

一、医院火灾的防控特点

对人员密集的医院，火灾的风险识别是一个复杂而系统的过程，它涉及多个方面的因素，包括人员特性、物质环境以及设备设施等。以下是对上述四个关键风险点的深入、专业、系统介绍。

1. 人员密集

医院作为医疗服务的主要场所，其人员密集性是其显著特点之一。这主要体现在患者与家属、医护人员、访客以及陪护人员的大量聚集。在火灾等紧急情况下，这种密集性的不利因素会极大地增加疏散的难度。由于人员众多，疏散通道在短时间内可能迅速变得拥堵，导致疏散速度减慢，甚至发生踩踏事故。此外，不同人员对火灾的应对能力和心理素质也各不相同，这进一步增加了疏散管理的复杂性。

近年来我国大力发展医养结合服务，全国医养结合机构达6000多家，床位160多万张，医养结合服务质量明显提升，老年健康支撑体系逐步完善。对于失能与不能自理的老年人，在紧急疏散时的难度更大

为了降低这种风险，医院需要制定详细的疏散预案，并定期进行演练，以确保在紧急情况下能够迅速、有序地疏散人员。同时，医院还应加强消防安全宣传和教育，提高人员的消防安全意识和自救互救能力。

2. 特殊患者群体

医院内存在大量老年人、儿童、重病患者、ICU重症监护患者等特殊群体。这些群

体由于身体条件、认知能力或行动能力的限制，对火灾的应对能力较弱。例如，老年人可能因行动不便而难以迅速疏散；儿童可能因缺乏火灾安全知识而陷入危险；重病患者则可能因病情限制而无法自行疏散。

针对这些特殊群体，医院需要采取特别的关注和保护措施。例如，为老年人提供便捷的疏散通道和辅助设施；为儿童提供专门的疏散指导和安全教育；为重症患者制定个性化的疏散方案，并确保有足够的医护人员协助疏散。

3.易燃易爆物品

医院内存在大量易燃易爆物品和设备，如医用酒精、氧气瓶、液氧储罐、高压氧舱、药品包装材料等。这些物品一旦接触火源，极易引发火灾，并可能造成严重的后果。特别是医用酒精和氧气瓶等，它们不仅易燃易爆，而且在火灾中还可能加剧火势的蔓延和扩大。

为了降低这种风险，医院需要加强对易燃物品的管理和监控。例如，建立严格的易燃物品管理制度，确保易燃物品的储存、使用和处理符合规范要求；定期对易燃物品进行检查和清理，及时消除安全隐患；加强火源管理，防止火源与易燃物品接触。

4.电气设备

医院医疗设备多、CT、核磁共振等设备价值高且电路复杂，这是医院火灾风险中的另一个重要方面。如果电气设备维护不当或使用不当，很容易引发电气火灾。例如，电线老化、短路、过载等都可能导致火灾的发生。此外，医疗设备的频繁使用和长时间运行也可能增加电气火灾的风险。

为了降低这种风险，医院需要加强对电气设备和电路的管理和维护。例如，建立定期的电气设备检查和维护制度，确保电气设备的正常运行和安全性；加强对医护人员的电气安全培训，提高他们的电气安全意识和操作技能；在电气设备的选择和使用上，严格遵守相关标准和规范。

医院火灾的风险识别需要从多个方面进行考虑和分析。通过制定详细的疏散预案、加强消防安全宣传和教育、加强对易燃物品和电气设备的管理和维护等措施，可以有效地降低医院火灾的风险，保障人员的生命安全和医院的正常运行。

二、医院火灾防控工作中易被忽略的隐患

医院作为提供医疗服务的重要场所，其内部的安全管理至关重要，尤其是针对氧气供应系统、特殊区域（如手术室、病房、药房）以及易燃易爆物品的管理。以下是对这些关键方面的深入、专业、系统介绍。

1.氧气供应系统的安全管理

氧气供应系统是医院不可或缺的一部分，为病患提供必要的氧气支持。然而，氧气作为助燃剂，在泄漏时极易引发火灾或加剧火势，因此必须加强对氧气供应系统的安全管理。

（1）密封性检查。医院应定期对氧气供应系统进行检查，确保其储罐或气瓶、管道、接头、阀门等部件的密封性良好，防止氧气泄漏。对于发现的任何泄漏点，应立即进行维修或更换。

（2）安全维护。除了密封性检查外，还应对氧气供应系统进行全面的安全维护。这包括检查系统的压力、流量等参数是否正常，以及是否存在其他潜在的安全隐患。

（3）应急准备。医院应制定针对氧气供应系统的应急预案，包括在发生泄漏或火灾时的应对措施。同时，应定期对医护人员进行相关培训，提高他们的应急处理能力。

2.特殊区域的火灾防控措施

手术室、病房、药房等特殊区域是医院火灾防控的重点。这些区域由于存在特殊的医疗设备和物品，一旦发生火灾，后果将不堪设想。

（1）手术室。手术室应配备专门的防火门和防火窗，以防止火势蔓延。同时，手术室内的电器设备应符合防爆要求，避免在手术过程中产生火花引发火灾。此外，手术室还应配备足够的消防器材和应急照明设备，以便在紧急情况下使用。

（2）病房。住院部的病房内应禁止患者及陪护人员吸烟和使用明火，以防止火灾事故的发生。对于需要加热的医疗设备，如电热毯、暖水袋等，应严格按照使用说明进行操作，并定期检查其安全性能。此外，住院部还应保持疏散通道畅通，以便在紧急情况下迅速疏散人员或进入避难房间躲避。

（3）药房。药房内储存着大量的药品和试剂，其中一些是易燃易爆的。因此，药房应设置专门的储存区域，并配备相应的防爆设施和消防器材。同时，药房工作人员应接受专业的消防安全培训，了解如何正确处理易燃易爆物品的泄漏或火灾。

3.易燃易爆物品的管理

医院内存在大量的易燃易爆物品，如医用酒精、化学试剂等。这些物品的管理对于预防火灾事故至关重要。

（1）储存管理。易燃易爆物品应储存在指定的安全区域，远离火源和热源。储存区域应设置明显的警示标志，以提醒人员注意。同时，应定期对储存区域进行检查和清理，确保物品的数量和安全状态符合规定。

（2）使用管理。在使用易燃易爆物品时，应严格按照操作规程进行。避免在密闭空间内使用易燃易爆物品挥发，以防止积聚的易燃气体引发爆炸。同时，应定期对使用人员进行培训，提高他们的安全意识和操作技能。

（3）废弃处理。对于废弃的易燃易爆物品，应按照相关规定进行妥善处理与销毁。避免将废弃物品随意丢弃或混入其他垃圾中，以防止引发火灾或污染环境。

医院应加强对氧气供应系统、特殊区域以及易燃易爆物品的管理，制定完善的火灾防控措施和应急预案。通过加强日常检查和维护、提高人员的安全意识和操作技能以及加强废弃物品的处理等措施，可以有效地预防火灾事故的发生，保障医院的安全运行和人员的生命安全。

三、医院火灾的防控工作

医院火灾预防措施是确保医院消防安全、保障人员生命安全和医院正常运行的关键环节。按照国家卫健委《医疗机构消防安全管理九项规定》规定要求，做好以下几个方面的工作。

1.坚持日常巡查

日常消防安全巡查是医院火灾预防的基础工作。医院应建立严格的日常消防安全巡查制度，明确巡查的内容、频率和责任人。巡查内容应涵盖电气线路、消防设施、疏散通道、安全出口等多个方面，确保这些关键部位和设施处于良好状态。

医疗机构应当明确消防巡查人员和重点巡查部位，每日组织开展防火巡查并填写巡查记录表。住院区及门诊区在白天至少巡查2次，住院区及急诊区在夜间至少巡查2次，其他场所每日至少巡查1次，对发现的问题应当当场处理或及时上报。

突出巡查工作的重点内容，主要涉及以下方面。

（1）用火、用电、用油、用气等有无违章情况。

（2）安全出口、消防通道是否畅通，安全疏散指示标识、应急照明系统是否完好。

（3）消防报警、灭火系统和其他消防设施、器材以及消防安全标识是否完好、有效，常闭式防火门是否关闭，防火卷帘下是否堆放物品。

（4）消防控制室、住院区、门（急）诊区、手术室、病理科、检验科、实验室、高压氧舱、库房、供氧站、胶片室、锅炉房、发电机房、配电房、厨房、地下空间、停车场、宿舍等重点部位人员是否在岗履职。

（5）医疗机构内施工场所消防安全情况。

（6）消防控制室工作情况。消防值班人员应当持有消防行业特有工种职业资格证书。消防控制室实行24小时值班制度，每班不少于2人。应当确保自动消防设施处于正常工作状态。接到火警信号后，应当以最快方式进行确认，确认发生火灾后应当确保联动控制开关处于自动状态，同时拨打"119"报警并启动应急处置程序。

通过日常巡查，可以及时发现和消除火灾隐患，防止火灾事故的发生。此外，巡查记录应详细、准确，以便在发生火灾后的责任追究时能对履职尽责情况提供有力的证据支持。

2.进行防火检查，及时整改与消除隐患

组织开展防火安全检查，每月至少进行1次，在重要节假日、重大活动前至少组织1次防火检查和消防设施联动运行测试，建立和实施消防设施日常维护保养制度，对发现的安全隐患和问题立即督促整改。

防火检查要突出重点，主要检查以下内容。

（1）重点工种工作人员以及全体医护人员消防安全知识和基本技能掌握情况。

（2）消防安全工作制度落实情况以及日常防火巡查工作落实情况，之前巡查发现问题的整改情况。

（3）电力设备、医疗设备、办公电器、生活电器管理和使用部门消防安全责任落实情况。

（4）消防设施设备运行和维护保养情况。

（5）消防控制室日常工作情况，消防安全重点部位日常管理情况。

（6）电气线路、燃气管道、厨房烟道等定期检查情况。

（7）病理科、检验科及各种实验室内易燃易爆等危险品的管理情况。

（8）火灾隐患整改和动火管理、临时用电等日常防范措施落实情况。

（9）装修、改造、施工单位向医疗机构的消防安全管理部门备案和签订安全责任书情况。

要及时消除安全隐患。建立消防安全隐患信息档案和台账，形成隐患目录，并在单位内部公示。隐患治理要实行报告、登记、整改、销号的一系列闭环管理，确保整改责任、资金、措施、期限和应急预案"五落实"。

3. 群防群治，狠抓培训演练

医疗机构要加强对全体员工（包括在编人员、学生、实习生、进修生、规培生、合同制人员、工勤人员等）的消防安全宣传教育培训，职工受训率必须达到100%，每半年至少开展1次灭火和应急疏散演练。

应当对新职工和转岗职工进行岗前消防知识培训，对住院患者和陪护人员及时开展消防安全提示。监督第三方服务公司履行消防安全管理职责，做好消防安全宣传教育培训演练等工作，受训率必须达到100%。通过培训，做到人人掌握消防常识、会查找火灾隐患、会扑救初起火灾、会组织人员疏散逃生、会开展消防安全宣传教育，掌握消防设施器材使用方法和逃生自救技能。

此外，医院还应通过定期组织消防安全知识竞赛、讲座等活动，提高全院人员的消防安全意识和素质。通过不断的培训和教育，形成人人关心消防、人人参与消防的良好氛围。

4. 应急演练

应急演练是提高医院全院医护人员应急反应能力和协作能力的重要手段。医院应定期组织火灾应急演练，模拟真实的火灾场景，检验和锻炼全院人员的应对能力。结合老、弱、病、残、孕、幼的认知和行动特点，制定针对性强的灭火和应急疏散预案，明确每班次、各岗位人员及其报警、疏散和扑救初起火灾的职责，并每半年至少演练1次。配备相应的轮椅、担架等疏散工具，对无自理能力和行动不便的患者逐一明确疏散救护人员。

在消防演练过程中，应明确各岗位的职责和任务，确保人员在火灾发生时能够迅速、有序地进行疏散和救援。同时，要注重团队协作和配合，提高全院人员的整体应对水平。通过应急演练，可以发现和纠正存在的问题和不足，进一步完善火灾应急预案和措施。

在火灾事故发生时，全院人员应熟悉消防设施的位置和使用方法，能够迅速、准确地使用消防设施进行扑救和疏散。同时，要保持冷静、有序地应对火灾，避免恐慌和混乱导致的人员伤亡和财产损失。

2005年12月15日16时30分左右，吉林省辽源市辽源中心医院发生火灾，导致40人死亡，210人受伤。

这起火灾的应急处置中当然存在很多问题，但也有亮点。时任公安部消防局政委陈家强少将曾在文章中描述：离起火部位最近的二区二层妇产科病房，当时有住院产妇、新生儿、临产孕妇和妇科术后病员及陪护人员30多人。正在交班的护士迟虹同志从窗户看到斜对面配电室窗户冒出烟火后,立即关闭本科室通往通廊的门(非防火门),阻隔烟火向妇产科的蔓延,并与值班医生王荣梅同志一起,逐病房通知住院人员"穿好衣服,包好新生儿"。在陪护人员的帮助下,组织住院人员经本科东侧窗户疏散到窗外大晒台(约20平方米)上。随后,经本院医务人员搭设的木梯和消防战士架设的二节拉梯有序地疏散到地面,无人员伤亡。而该科通往通廊的门被火烧坏后,除靠近此门的一段走道顶部和病房木门窗被烟熏、炭化外,多数病房完好无损。

5.加强消防设施的维护与保养

消防设施是医院消防安全的重要保障。医院应配备完善的消防设施,包括火灾自动报警系统、自动喷水灭火系统、消火栓、灭火器等。这些设施能够在火灾发生时及时发现并扑灭初期火灾,防止火势的蔓延和扩大。消防设施器材要设置规范醒目的标识,用文字或图例标明操作使用方法,消防通道、安全出口和消防重点部位应当设置警示提示标识。

医疗机构要确保消防投入,保障消防所需经费,持续加强人防、技防和物防建设。持续加大消防安全基础设施建设,按照国家和行业标准配置消防设施、器材,并定期进行维护保养和检测,确保灵敏、可靠,有效运行。主要消防设施设备上应当张贴维护保养、检测情况记录卡。定期对消防设施进行检查和维护,确保其正常运行。对于发现的问题和故障,应及时进行维修和更换,避免设施失效或损坏导致火灾事故的发生。此外,医院还应简要说明这些消防设施的使用方法,以便在紧急情况下能够迅速、正确地使用。

设有自动消防设施的医疗机构,每年应当至少检测1次。属于火灾高危单位的,应当每年至少开展1次消防安全评估,针对评估结果加强和改进消防工作。

确保报警系统和应急照明的齐全、灵敏、有效。推进"智慧消防"建设,促进信息化与消防业务融合,提高医疗机构火灾预警和防控能力。

6.落实责任,加强组织领导

要落实主体责任,贯彻《国务院关于加强和改进消防工作的意见》、消防安全责任制及实施办法,全面实行"党政同责、一岗双责、齐抓共管、失职追责"制度,落实"管行业必须管安全、管业务必须管安全、管生产经营必须管安全"的要求,建立逐级消防安全责任制,明确各岗位消防安全职责,层层签订责任书。

公立医疗机构党政主要负责人,其他医疗机构法定代表人、主要负责人或实际控制人是本单位消防安全第一责任人，对本单位消防安全全面负责。主管消防安全的负责人是单位的消防安全管理人，领导班子其他成员对分管范围内的消防安全负领导责任。

明确责任部门。明确承担消防安全管理工作的机构和消防安全管理人，负责本单位的消防安全管理工作，负责制订和落实年度消防工作计划，组织开展防火巡查、检查、隐患排查和监督整改，加强宣传教育培训、应急疏散演练、督导考核等。按照《医疗卫生机构灾害事故防范和应急处置指导意见》要求，切实做好各项防范和应急处置工作。

认真履行消防职责。各部门（科室）要履行消防安全主体责任，主要负责人为本部门（科室）消防安全第一责任人，设立消防安全员。全体职工履行岗位消防安全职责，做好本部门（科室）消防安全管理各项工作。

医院火灾预防措施需要从责任制落实、日常巡查检查、员工培训、应急演练和消防设施维护保养等多个方面进行综合考虑和实施。通过加强消防安全管理和预防措施的落实，可以有效地降低医院火灾的风险，保障人员的生命安全和医院的正常运行。

四、医院火灾发生时的应对措施

火灾发生时的应对措施是医院消防安全管理体系中的关键环节，它直接关系到人员生命安全和火灾损失的控制。以下是对上述三个主要应对措施的深入、专业、系统论述。

1. 报警与疏散

火灾发生时，首要任务是迅速启动火灾报警系统与消防广播，这是火灾应急响应的第一步。报警系统应能够自动或手动触发，向医院内的所有人员发出明确的火灾警报，并指示疏散方向。同时，应立即通过消防广播、群发短信、微信等通知医院管理层、安保部门以及相关部门，确保他们能够迅速响应并启动应急预案。

疏散是火灾发生时保护人员生命安全的最重要措施。医院应制定详细的疏散预案，明确疏散路线、疏散顺序和疏散集合点。针对老年人、儿童、重病患者等特殊群体，应制定专门的疏散策略，如提供便捷的疏散通道、辅助设施以及专门的疏散指导和陪同。在疏散过程中，应保持冷静、有序，避免恐慌和混乱，确保所有人员能够安全、迅速地撤离火灾现场。

2.初期扑救

在火灾初期,如果火势较小且可控,可以利用身边的灭火器材或室内消火栓进行扑救。医院应配备足够的灭火器材,并确保医护人员和后勤人员熟悉其使用方法和操作规程。在扑救过程中,应注意个人安全,避免火势扩大或造成人员伤亡。如果火势较大或无法控制,应立即撤离并等待专业消防队伍的救援。切勿冒险扑救,以免延误逃生时机或造成更大的人员伤亡。

3.等待救援

在火势无法控制时,应迅速撤离到安全区域或避难房间,并等待专业消防队伍的救援。安全区域应远离火灾现场,避免受到火势、烟雾和有毒气体的威胁。在等待救援的过程中,应保持冷静,不要惊慌失措。可以通过手机、对讲机等通讯工具与消防部门保持联系,报告火灾情况和人员疏散情况,以便消防部门能够及时了解火场情况并采取相应的救援措施。

同时,医院应加强对人员的心理疏导和安抚工作,缓解他们的紧张情绪和恐慌心理。对于受伤或需要帮助的人员,应及时给予医疗救治和援助。在火灾被扑灭后,还应对火灾现场进行清理和恢复工作,确保医院能够尽快恢复正常运行。

火灾发生时的应对措施需要医院全体员工共同协作和配合。通过加强火灾报警与疏散、初期扑救以及等待救援等方面的工作,可以有效地保护人员生命安全、控制火灾损失,并确保医院在火灾后能够迅速恢复正常运行。

案例5-16:"4·18"北京长峰医院火灾案例分析与警示

一、案例背景

2023年4月18日12时50分,北京市丰台区靛厂新村291号北京长峰医院发生一起重大火灾事故。该事故造成29人死亡、42人受伤,直接经济损失达3831.82万元。事故发生后,党中央、国务院高度重视,立即组织抢险救援、伤员救治和善后处置等工作。

二、案例分析

直接原因:火灾系医院病房楼改造工程违规电焊作业引发。在施工现场,施工人员未按照规定佩戴防护用具,且在未采取有效防护措施的情况下进行电焊作业,导致火花飞溅到保温材料上,引发火灾。

同时,施工单位违规进行自流平地面施工和门框安装切割交叉作业,环氧树脂底涂材料中的易燃易爆成分挥发、形成爆炸性气体混合物,遇角磨机切割金属净化板产生的火花发生爆燃，进一步加剧了火势。

间接原因：医院管理混乱：医院在实施改造工程过程中，未按规定向相关部门报备，擅自进行改造，且对施工现场的安全管理不到位。

施工企业安全管理不力：施工单位对施工现场的安全管理不到位，未按规定对施工现场进行检查和监管。

地方党委政府和有关部门职责不落实：当地政府和有关部门对安全生产工作重视不够，对医院改造工程的安全监管不到位。

三、事故教训与警示

加强安全管理：医院应建立健全安全管理制度，明确各岗位的安全管理职责，加强对医院设施设备的安全检查和维护保养。

施工单位应严格遵守安全生产法律法规，加强施工现场的安全管理，确保施工人员的作业行为符合规范要求。

强化监管责任：地方党委政府和有关部门应加强对安全生产工作的组织领导，建立健全安全生产监管体系，加强对医院改造工程等领域的监管力度。

对发现的安全隐患要及时整改，确保隐患得到彻底消除。

提高应急处置能力：医院应制定完善的应急预案，定期组织应急演练，提高医护人员和患者的消防安全意识和应急处置能力。

当地政府和有关部门应加强应急管理和救援能力建设，提高应对突发事件的能力和水平。

加强消防安全宣传和教育：医院和施工单位应加强对施工人员的消防安全宣传和教育，提高施工人员的消防安全意识和自我保护能力。

公众也应加强自身的消防安全知识学习，提高自我保护能力。

四、总结

"4·18"北京长峰医院火灾事故是一起惨痛的教训，它再次提醒我们消防安全工作的重要性。无论是医院还是其他任何单位，都必须时刻绷紧安全生产这根弦，切实把安全生产责任落到实处。同时，我们也应加强监管责任、提高应急处置能力、加强消防安全宣传和教育等方面的工作，以有效防范和遏制类似事故的发生。

第九节　学校

学校是知识的摇篮，孩子们成长的乐园，其消防安全直接关系到广大师生的生命安全与社会的和谐稳定。本节将针对学校这一特殊场景，以通俗易懂的方式，介绍学校火灾的防控重点，旨在提高师生及家长的消防安全意识，共同营造一个安全的学习环境。

一、学校的火灾防控特点

学校作为教育活动的核心场所，其特殊的环境与功能布局导致了其火灾风险具有一定的独特性和复杂性。以下是对学校火灾风险特点的深入、专业及系统论述：

1. 人员密集性与自我保护能力弱

学校，尤其是中小学，由于其教育职能的特殊性，日常聚集着大量的学生群体。这一特点直接导致了在火灾等紧急情况下，人员密度极高，疏散压力大。学生群体相较于成年人，往往缺乏足够的自我保护意识和应对突发事件的能力，这进一步加剧了火灾发生时的危险性。在紧急疏散过程中，学生可能因恐慌、混乱而无法迅速做出正确反应，增加了伤亡风险。

2. 易燃可燃物多且分布广泛

学校内部功能区域多样，包括宿舍、图书馆、实验室、食堂等，这些区域内存放有大量的易燃物品。图书馆内书籍众多，一旦起火，火势易迅速蔓延；实验室则存放有各类化学试剂，部分试剂具有极高的燃烧或爆炸风险；食堂则因烹饪需要，存有大量油脂及可燃气体，这些都构成了潜在的火灾隐患。此外，教室、办公室等区域也可能因教学资料、办公用品的堆积而成为火灾的助燃物。

3. 电气设备集中与线路复杂性

随着教育现代化的推进，学校内电气设备日益增多，包括多媒体教学设备、空调、照明系统等，这些设备多集中于教学楼、宿舍楼等建筑内。由于设备众多，线路布局复杂，加之可能存在的违规用电现象（如私拉电线、使用大功率电器等），极易引发电气火灾。电气火灾往往初期不易察觉，但一旦爆发，火势迅猛，难以控制。

4.疏散难度大于应急管理挑战

学校在火灾等紧急情况下的疏散难度极大，这主要体现在以下几个方面：一是学生群体对火灾的恐惧和不了解，可能导致疏散过程中的恐慌和混乱；二是学校建筑结构复杂，疏散通道可能因设计不合理或日常管理不善而被堵塞；三是部分特殊群体（如残疾学生）在疏散时面临更大困难。此外，学校应急管理机制的建设和完善也是一大挑战，包括应急预案的制定、应急演练的开展、应急物资的储备等方面，都需要投入大量的人力和物力。

学校火灾风险具有人员密集性与自我保护能力弱、易燃物多且分布广泛、电气设备集中与线路复杂性、疏散难度大与应急管理挑战等多重特点。因此，学校应高度重视火灾预防工作，加强消防安全教育，完善消防设施，定期进行火灾隐患排查和应急演练，以确保师生生命财产安全。

二、学校火灾防控易被忽略的隐患

学校作为人员密集的公共场所，消防安全至关重要。然而，在实际操作中，仍有一些火灾隐患容易被忽略，这些隐患一旦引发火灾，后果不堪设想。以下是关于学校火灾防控中易被忽略隐患的系统、专业且详细的阐述。

1.宿舍楼内火灾隐患多

寄宿制学校的宿舍楼是火灾危险性较突出的部位。有的学校又疏于对宿舍的消防安全检查、巡查和管理，致使人的不安全行为和不安全因素大量存在。宿舍多为集体宿舍，有的3个人甚至6个人一个寝室，寝室内几乎是床铺连着床铺，床挨床，悬挂各种衣物、蚊帐，还摆放了大量书籍等易燃品，火灾荷载很大；另外，有些人员在宿舍过道上乱堆放煤球、木材等易燃、可燃物质，私自占用安全通道，在过道上生火做饭等，既影响了安全疏散，又人为地增大了火灾危险性；有的学生则乱拉乱接电线在集体宿舍使用电熨斗、电热毯、录音机，甚至用电炉煮食物、熄灯后点蜡烛，乱扔烟头等违章用火用电等问题仍严重存在。

宿舍楼是人员相对密集的场所，对这些场所的日常管理往往重视不够，消防管理和消防安全措施不到位。有的学校为了便于宿舍楼住宿人员的管理，采取一些不利于消防安全疏散的措施。如给宿舍的窗户加装防护挡，楼道出口安装防护用的铁栅栏，有的宿舍楼在夜间就将出口上锁，关闭宿舍的安全出口，大多数宿舍楼白天也仅留1个出口。在男女混住的宿舍楼，封闭通道，或在男女学生区分隔的楼梯或通道处设铁栅门，只保留1个出口。安全疏散通道不足，使得发生火灾后难以及时进行人员安全疏散，容易造成群死群伤火灾的发生。

2. 易燃可燃物品管理不善

学校中存在大量易燃可燃物品，如纸张、书籍、化学试剂等，这些物品如果堆放不当或管理不善，极易引发火灾。例如，在实验室中，如果化学试剂未分类存放或随意乱放，一旦发生泄漏或混合，就可能引发火灾或爆炸。在宿舍中，如果学生在床上吸烟或乱扔烟头，也可能引燃被褥等易燃物品。

3. 消防器材维护不当

消防器材是扑救初期火灾的重要工具，如果维护不当或缺失，将严重影响火灾扑救效果。例如，灭火器如果未定期检查或过期失效，将无法正常使用；消火栓如果被遮挡、圈占或埋压，将影响消防用水的供应。此外，一些学校还存在消防器材配备不足的问题，无法满足火灾扑救的需要。

4. 消防安全知识普及不足

虽然学校经常进行消防安全宣传教育，但仍存在一些薄弱环节。例如，一些学生对火灾的危害性认识不足，缺乏基本的消防安全知识和技能；一些教职工也缺乏应对火灾的应急处理能力。这导致在火灾发生时，学生和教职工可能无法迅速有效地进行自救和互救。

5. 实验室安全管理不到位

实验室是学校中火灾防控的重点区域之一。然而，一些学校实验室的安全管理存在不到位的问题。例如，实验室未进行功能分区，实验药品未分类储存和回收，储存器材的完好性未定期检查等。这些问题都可能导致实验室火灾隐患的增加。此外，一些学生在实验过程中未严格遵守操作规程，也可能引发火灾事故。

2018年12月26日9时34分，北京某高校东校区2号楼一实验室发生爆炸，造成3名参与实验的学生死亡。调查报告确认事故直接原因为：在使用搅拌机对镁粉和磷酸搅拌、反应过程中，料斗内产生的氢气被搅拌机转轴处金属摩擦、碰撞产生的火花点燃爆炸，继而引发镁粉粉尘云爆炸，爆炸引起周边镁粉和其他可燃物燃烧，造成现场3名学生死亡。违规开展试验、冒险作业；违规购买、违法储存危险化学品，以及对实验室和科研项目安全管理不到位是导致本起事故的间接原因。依据事故调查的结论，公安机关对事发科研项目负责人李某某和事发实验室管理人员张某依法立案侦查，追究刑事责任。根据干部管理权限，经教育部、该校研究决定，对学校党委书记曹某某、校长宁某、副校长关某某等12名干部及土木建筑工程学院党委进行问责，并分别给予党纪政纪处分。

6. 厨房安全管理不足

学校厨房是火灾隐患的另一个重要场所。由于长期烹饪，厨房内很容易积累厚厚的油垢。如果排油烟管道上的油垢未及时清理，一旦遇到油锅起火，火势很容易迅速扩大。此外，厨房内电气线路的不规范、燃气使用的不规范等问题也可能引发火灾或爆炸。

7. 室外火灾防控忽视

室外火灾防控也是学校火灾防控中易被忽略的环节之一。例如，校园植被较为丰富，秋、冬季绿化地带会有不少树林落叶、枯枝和枯草。如果学生在室外烧纸、点火或乱扔烟头，就可能引发火灾。

8. 火灾应急疏散预案不完善。

火灾应急疏散预案是确保师生在火灾发生时能够迅速安全撤离的关键。然而，一些学校的火灾应急疏散预案存在不完善的问题。例如，预案中未明确疏散路线和集合点，未进行定期的疏散演练等。这导致在火灾发生时，学生和教职工可能无法迅速有效地进行疏散。

学校火灾防控中易被忽略的隐患包括电器设备使用不当、易燃物品管理不善、消防器材维护不当、消防安全知识普及不足、实验室安全管理不到位、厨房安全管理不足、室外火灾防控忽视以及火灾应急疏散预案不完善等。为了有效防控学校火灾隐患，学校应加强对这些环节的监管和管理力度，确保师生的生命安全和财产安全。

三、学校火灾的防控措施

学校作为人员密集且功能复杂的公共场所，其火灾预防工作至关重要。以下是对学校火灾预防措施的深入、专业及系统论述。

1. 加强消防安全教育与演练

将消防安全知识纳入学校课程体系，是提升师生消防安全意识的根本途径。通过定期开设消防安全课程，讲解火灾的成因、危害、预防措施以及自救互救技能，使师生能够充分认识到火灾的严重性，并掌握基本的防火灭火知识。同时，应定期组织消防安全演练，模拟火灾发生时的真实场景，让师生在实战中学会如何正确使用消防器材、如何迅速疏散逃生，从而提高自救能力和应急反应速度。

2.建立消防安全日常检查制度

消防安全日常检查是预防火灾的重要手段。学校应建立健全消防安全检查制度，明确检查内容、方法和周期，确保检查工作的全面性和有效性。检查对象应涵盖教室、宿舍、实验室、图书馆、食堂等所有可能引发火灾的区域，重点检查电气设备、线路、易燃物品存放、疏散通道、消防设施等关键部位。对于发现的问题和隐患，应立即进行整改，确保消防安全无死角。

3.规范用电行为，确保电气设备安全

电气火灾是学校火灾的主要类型之一，因此规范用电行为至关重要。学校应严禁在宿舍、教室等区域私拉乱接电线，禁止使用大功率电器，以防止因电路过载或短路而引发火灾。同时，应定期对电气设备进行安全检查和维护，确保设备处于良好状态。对于老旧、损坏的电气设备，应及时更换或维修，避免引发火灾事故。

4.完善消防设施，提高火灾应对能力

配备足够的消防设施是应对火灾的重要保障。学校应根据建筑规模、使用性质和功能布局等因素，合理配备灭火器、消火栓、喷淋、火灾报警系统等消防设施。同时，应定期对这些设施进行检查和维护，确保其完好有效。在火灾发生时，这些设施能够迅速发挥作用，为师生提供必要的保护和救援支持。

学校火灾预防措施应围绕加强消防安全教育与演练、建立消防安全日常检查制度、规范用电行为以及完善消防设施等方面展开。通过这些措施的实施，可以有效提高师生的消防安全意识和自救能力，降低火灾发生的概率和损失程度，为学校的安全稳定发展提供有力保障。

四、火灾发生时的应对措施

火灾是一种极具破坏性和危险性的灾害，对于学校这种人员密集场所来说，一旦发生火灾，其后果将不堪设想。因此，学校必须制定科学、有效的火灾应对措施，以确保在火灾发生时能够迅速、有序地应对，最大限度地减少人员伤亡和财产损失。以下是对火灾发生时应采取的措施进行深入、专业、系统的论述。

1.迅速报警

报警是火灾应对的第一步，也是至关重要的一步。一旦发现火情，无论是师生还是工作人员，都应立即拨打火警电话，向消防救援部门报告火灾发生的地点、火势大小、是否有人员被困等信息。同时，还应立即报告学校相关部门，如保卫处、校医院等，以便他们迅速启动应急预案，组织人员进行疏散和救援。在报警时，要保持冷静，语言清晰，确保信息准确传达。

2.有序疏散

疏散是火灾应对中的关键环节。学校应事先制定详细的疏散预案，明确疏散路线、疏散顺序、疏散集合点等信息，并定期组织师生进行疏散演练，确保在火灾发生时能够迅速、有序地疏散到安全地带。在疏散过程中，要保持冷静，不要惊慌失措，按照疏散预案的指示行动。同时，要注意观察周围环境，避免吸入有毒烟雾或被火势困住。对于特殊群体，如残疾学生、老年教师等，应给予特别的关注和帮助。

3.初期扑救与撤离

在火灾初期，如果火势较小且有能力进行扑救，可以在确保自身安全的前提下，利用身边的灭火器材或室内消火栓进行初期火灾扑救。这不仅可以减缓火势的蔓延，还可以为消防部门的到来争取时间。然而，如果火势较大或无法控制，应立即撤离现场，不要试图进行扑救。在撤离时，要遵循疏散预案的指示，选择安全的疏散路线和出口，避免使用电梯等易被困的设施。同时，要保持冷静和秩序，不要惊慌失措或乱跑乱撞，以免造成更大的人员伤亡。

火灾发生时的应对措施包括迅速报警、有序疏散以及初期扑救与撤离。这些措施需要学校事先制定详细的应急预案并进行演练，以确保在火灾发生时能够迅速、有效地应对。同时，师生和工作人员也需要加强消防安全意识和技能培训，提高自身的防火灭火能力和应急处理能力。只有这样，才能确保学校的消防安全得到最大程度的保障。

案例5-17：上海商学院宿舍火灾

火灾时间：2008年11月14日早晨6时10分许。

火灾情况：上海商学院徐汇校区宿舍楼602女生寝室失火，过火面积达20平方米左右。因室内火势过大，4名女大学生从6楼寝室阳台跳楼逃生，不幸当场死亡。

火灾原因：学生在宿舍内使用"热得快"烧水，因忘记拔掉插头，恢复供电后"热得快"干烧引燃被褥等可燃物造成火灾。

教训：

1.严禁在宿舍内使用违章电器，尤其是大功率电器。

2.电器使用完毕后应及时拔掉插头，避免长时间通电。

防范措施：

1.加强对学生的消防安全教育，明确宿舍用电管理规定。

2.定期检查宿舍电气线路和用电设备，确保安全可靠。

3.配备足够的消防设施，并定期组织消防演练。

案例5-18：江西景德镇陶瓷技师学院宿舍火灾

火灾时间：2023年11月21日。

火灾地点：江西景德镇陶瓷技师学院宿舍楼。

火灾原因：使用劣质插线板引发短路起火。

教训：

1.严禁使用劣质电器和电线，确保用电设备质量可靠。

2.加强对宿舍电气线路和用电设备的检查和维护。

防范措施：

1.严格把关电器和电线的采购质量，确保符合安全标准。

2.定期检查宿舍电气线路和用电设备，及时更换老化或损坏的部件。

3.加强对学生的消防安全教育，提高他们的用电安全意识。

案例5-19：河南方城县某学校宿舍火灾

火灾时间：2024年1月19日22时。

火灾情况：河南省方城县独树镇砚山铺村英才私立学校一个学生宿舍发生火灾。起火位置是住宿区三楼的一间男生宿舍，宿舍内住着小学三年级的30多名男生，事故造成13人遇难，1人受伤。涉事学校7名相关责任人员被依法控制，追究刑事责任。

火灾原因：使用电暖器过热或使用不当导致。

教训：

1.严禁在宿舍内使用违规电器，尤其是易引发火灾的电器。

2.加强对宿舍用电设备的检查和维护，确保其安全可靠。

防范措施：

1.严禁在宿舍内使用违规电器，如电暖器、电热毯等。

2.定期检查宿舍电气线路和用电设备，确保安全可靠。

3.配备足够的消防设施，并定期组织消防演练。

第十节　变电站：守护电力心脏的消防安全

变电站，作为电力系统中至关重要的组成部分，其安全稳定运行直接关系到城市的供电安全和居民的日常生活。然而，由于其内部存在高压设备、大量电缆以及易燃的绝缘材料等，变电站也面临着较高的火灾风险。本节将以通俗易懂的方式，介绍变电站火灾的防控重点，旨在提高社会公众对变电站消防安全的认知，共同维护城市的电力安全。

一、变电站火灾的防控特点

变电站作为电力系统的重要组成部分，其安全稳定运行对于保障电力供应至关重要。然而，由于变电站内存在多种火灾风险因素，一旦发生火灾，后果将不堪设想。以下是对变电站火灾风险特点的深入、专业、系统论述。

1. 高压设备火灾风险

变电站内的高压设备，如变压器、高压开关等，在正常运行时会产生大量的热量。这些热量若不能及时散发，将导致设备温度升高，进而可能引发火灾。此外，设备老化也是导致火灾的重要原因之一。随着设备运行时间的增长，设备内部的绝缘材料、导电材料等会逐渐老化，性能下降，易产生局部过热现象，从而引发火灾。

电力变压器是由铁芯柱或铁轭构成的一个完整闭合磁路，由绝缘铜线或铝线制成线圈，形成变压器的原、副边线圈。除小容量的干式变压器外，大多数变压器都是油浸自然冷却式，绝缘油起线圈间的绝缘和冷却作用。变压器中的绝缘油闪点约为135℃，易蒸发燃烧，同空气混合能形成爆炸混合物。变压器内部的绝缘衬垫和支架大多采用纸板、棉纱、布、木材等有机可燃物质组成，如1000kVA的变压器大约用木材0.012立方米，用纸40千克，装绝缘油1吨左右。所以，一旦变压器内部发生过载或短路，可燃的材料和油就会因高温或电火花、电弧作用而分解、膨胀以致气化，使变压器内部压力剧增。这时，可引起变压器外壳爆炸，大量绝缘油喷出燃烧，燃烧着的油流又会进一步扩大火灾危险。

为了降低高压设备的火灾风险，变电站应采取有效的散热措施，如设置散热风扇、散热片等，确保设备在运行时能够及时散热。同时，应定期对设备进行维护和检修，及时发现并处理设备老化、损坏等问题，防止因设备故障引发火灾。

2. 易燃材料火灾风险

变电站内存在大量的电缆、绝缘材料等易燃物。这些材料一旦起火，火势会迅速蔓延，难以控制。电缆作为电力传输的重要通道，其外层通常包裹着易燃的塑料或橡胶材料。在火灾中，这些材料会迅速燃烧，并产生大量的有毒烟雾，对人员的生命安全构成极大威胁。绝缘材料在火灾中也会迅速燃烧，并可能导致设备短路、爆炸等严重后果。

为了降低易燃材料的火灾风险，变电站应采取有效的防火措施，如设置防火墙、防火隔板等，将易燃材料与其他区域隔离。同时，应选用阻燃性能好的电缆和绝缘材料，降低火灾发生的可能性。此外，还应定期对电缆和绝缘材料进行检查和维护，及时发现并处理存在的安全隐患。

3. 电气故障火灾风险

电气故障是变电站火灾的主要原因之一。常见的电气故障包括短路、过载等。短路是指电路中的两点之间直接相连，导致电流过大，产生大量的热量，从而引发火灾。过载是指电路中的电流超过设备的额定电流，导致设备过热，进而引发火灾。

为了降低电气故障的火灾风险，变电站应采取有效的预防措施，如定期对电气设备进行检查和维护，确保设备的正常运行；设置过载保护装置，当电路中的电流超过额定电流时，自动切断电源；加强电气设备的绝缘性能，防止因绝缘损坏引发短路等故障。

变电站火灾风险具有高压设备散热不良或老化易引发火灾、易燃材料火势蔓延迅速以及电气故障常见等特点。为了保障变电站的安全稳定运行，必须采取有效的防火措施和预防措施，降低火灾发生的可能性。同时，还应加强人员的消防安全培训，提高人员的消防安全意识和自救互救能力。

图5-13 变电站火灾

二、变电站火灾防控易被忽略的隐患

变电站作为电力系统的心脏，其火灾防控工作具有极高的特殊性和重要性。为了确保变电站的安全稳定运行，必须针对其特点，提出更为严格和细致的火灾防控要求。

1. 专业培训与演练

变电站工作人员必须接受定期的消防安全培训，以掌握基本的消防知识和技能。培训内容应包括火灾的成因、预防、扑救以及逃生自救等方面，确保工作人员在火灾发生时能够迅速做出反应。

除了理论培训外，还应定期组织应急演练。通过模拟真实的火灾场景，让工作人员在实践中锻炼应急处置能力，熟悉消防器材的使用方法和逃生路线。同时，演练还能检验消防预案的实用性和有效性,为实际火灾的应对提供有力保障。

2.特殊设备的安全管理

(1)特殊设备的识别与分类。变电站内存在许多特殊设备,如变压器、电容器等。这些设备在运行过程中可能产生高温、高压或易燃易爆物质,因此必须对其进行严格的识别与分类管理。

(2)安全操作规程的制定与执行。针对每种特殊设备,都应制定详细的安全操作规程,并确保工作人员严格遵守。操作规程应明确设备的操作步骤、注意事项以及紧急情况下的应对措施,以防止因操作不当而引发火灾。

(3)定期检测与维护。特殊设备应定期进行检测与维护,以确保其处于良好的运行状态。检测内容应包括设备的绝缘性能、密封性、散热效果等方面,一旦发现异常,应及时进行处理。

3.与消防部门的联动

(1)建立联动机制。变电站应与当地消防救援部门建立紧密的联动机制,确保在火灾发生时能够及时得到专业的救援和支持。联动机制应包括信息共享、联合演练、应急响应等方面,以提高火灾防控的效率和效果。

(2)信息共享。变电站应将自身的消防设施、布局、危险源等信息及时与消防部门共享,以便消防救援部门在火灾发生时能够迅速了解现场情况,制定有效的救援方案。

(3)联合演练。变电站与消防救援部门应定期组织联合演练,以检验联动机制的实用性和有效性。通过演练,可以加强双方之间的沟通与协作,提高火灾防控的整体水平。

变电站火灾防控的特殊要求包括专业培训与演练、特殊设备的安全管理以及与消防部门的联动等方面。这些要求的落实需要变电站管理部门的高度重视和全体工作人员的共同努力,以确保变电站的安全稳定运行和电力系统的可靠供电。

三、变电站火灾预防措施

变电站作为电力系统的重要组成部分,其安全稳定运行对于保障电力供应、维护社会经济秩序具有至关重要的意义。火灾是变电站面临的重大安全风险之一,因此,采取有效的火灾预防措施是变电站安全管理的关键环节。

1. 定期检查与维护

定期对变电站内的关键设备，如变压器、开关设备、电缆及母线等，进行细致的外观检查，旨在及时发现异常发热、变色、腐蚀等问题，并迅速处理设备缺陷。同时，按照既定周期执行预防性试验，包括绝缘电阻测试与耐压试验，以全面评估设备的绝缘性能与运行状态。此外，还需落实设备的定期清洁、紧固、润滑等维护保养措施，确保所有设备维持良好运行状态。为此，建立了一套完善的隐患排查机制，通过定期对变电站进行全面安全检查，及时发现并有效消除潜在的安全隐患，从而全面保障变电站的安全稳定运行。

2. 加强通风与散热

为了强化变电站的通风与散热能力，需确保通风系统布局科学合理，能够满足设备散热的实际需求，并且要对通风系统进行定期的检查与维护，保障其持续正常运行。同时，针对设备密集或易产生高温的区域，应增设如风扇、空调等有效的散热设施，以降低设备温度，从而显著降低火灾风险。此外，还需安装温度、湿度等环境监测传感器，实现对变电站内环境参数的实时监测，一旦发现任何异常，便能迅速采取措施进行妥善处理，确保变电站的安全运行。

3. 使用阻燃材料

在变电站的建设与改造环节中，应高度重视材料的选择，优先采用阻燃性能优异的材料和设备，例如阻燃电缆和阻燃隔板，这些都能有效降低火灾发生的概率。同时，必须对所选阻燃材料进行严格验证和测试，确保其全面符合相关标准和规范的要求。为了保障材料的质量和安全，还需建立健全的材料管理制度，对阻燃材料的采购、验收及使用等各个环节进行严格把控，从而全面确保变电站的安全稳定运行。

4. 严格电气安全管理

为确保变电站电气安全，必须建立健全电气安全管理制度，清晰界定各级人员的职责与权限，并严格规范电气设备的操作及维护流程。在此基础上，应定期对电气操作人员进行全面的安全及技能培训，着力提升其安全意识和操作技能。同时，强调电气设备操作必须严格遵循操作规程，以防止误操作引发火灾。此外，还需构建完善的电气故障处理机制，确保一旦发现故障能迅速响应，及时采取措施处理，有效防止故障扩大而引发火灾，从而全面保障变电站的安全运行。

变电站火灾预防措施需要综合考虑多个方面，包括定期检查与维护、加强通风与散热、使用阻燃材料以及严格电气安全管理等。通过采取这些措施，可以有效地降低变电站火灾的风险，保障电力系统的安全稳定运行。

案例5-20：南昌市变电站火灾

火灾时间：2018年12月12日。

火灾地点：江西省南昌市变电站。

火灾原因：本次火灾的主要原因是设备老化。由于变电站设备长期运行且未能得到及时更换或维修，导致设备内部绝缘材料老化、性能下降，最终引发火灾。

教训：设备老化是变电站火灾的重要隐患之一。忽视设备的更新换代和维修保养将增加火灾风险。

防范措施：制定设备更新计划：根据设备的使用寿命和运行状态，制定合理的设备更新计划，及时更换老化的设备。

加强设备维护保养：定期对设备进行维护保养，确保其处于良好的运行状态。特别是高压设备和密闭空间内的设备，更要进行全面检查和维护。

加强安全宣传和教育：提高工作人员的安全意识，使其能够熟悉应急程序和正确使用消防设备。定期组织消防演习和应急演练，提高应变能力。

第十一节 "九小场所"

"九小场所"作为城市生活中不可或缺的一部分,因其规模小、分布广、人员密集等特点,火灾风险不容忽视。"九小场所"是指小学校或幼儿园、小医院、小商店、小餐饮场所、小旅馆、小歌舞娱乐场所、小网吧、小美容洗浴场所、小生产加工企业的总称。这些场所因安全意识淡薄,安全措施不到位,存在严重的安全隐患问题,而且人员密集,一旦发生事故将造成重大人员伤亡。因此,这些场所被各地政府列为消防安全综合整治的对象。

本节将针对"九小场所"的火灾防控重点进行详细介绍,旨在提高社会公众的消防安全意识,共同守护城市的安全与和谐。

一、"九小场所"的具体类型和特点

购物场所:建筑面积300平方米以下的小商场(商店、市场)。

餐饮场所:额定就餐人数100人以下的小饭店。

住宿场所:床位数50张以下的小旅馆。

公共娱乐场所:设置在建筑物首层、二层、三层且建筑面积200平方米以下的小公共娱乐场所。

休闲健身场所:建筑面积200平方米以下的洗浴、足疗、美容美发美体、酒吧、茶社、棋牌室、咖啡厅、健身俱乐部等。

医疗场所:乡镇卫生院,街道卫生院,社区卫生院以及床位数30张以下的其他小医院(诊所)、疗养院、养老院、福利院。

教学场所:床位数50张以下的寄宿制学校和托儿所、幼儿园;500人以下的非寄宿制学校,100人以下的非寄宿制托儿所、幼儿园。

生产加工企业:职工总人数50人以下或者设有30人以下员工集体宿舍的小生产加工企业。

易燃易爆危险品销售、储存场所:建筑面积100平方米以下的易燃易爆危险品销售、储存场所。

二、对"九小场所"安全管理中的存在问题

随着主城区中经济发展,"九小场所"数量不断增多,加上"九小场所"点多、面广,分散在镇街、城中村,个别地方有成千家上万家小型场所,少的也有几十家,且部分"九小场所"设置在居民区甚至住家庭院中,一般性监督检查很难涉猎触及,造成很多场所失控漏管。

1. 管理不规范,消防安全保障差

"九小场所"缺乏规范有序的消防管理,消防设施陈旧落后老化,有的是租赁或利用闲置的厂房,有的是通过民用住房改造,其内部装饰装修、功能分区等大多都是经营者自行安排;部分场所只有工商营业执照,安全生产条件差,缺乏有效的消防安全保障,多数经营者因法律意识淡薄,未经消防检查验收等就擅自开业;生产车间、仓库、原材料、吃住基本都在一起,电气线路私拉乱接,消防设施缺少或过期失效,安全出口数量不足或被锁闭,疏散通道堵塞、占用;部分安全出口疏散指示标志不明显,应急照明灯具照度不够,用火、用电、用气十分不规范,稍有不慎就会引发火灾。

2. 消防安全意识淡薄,整改火灾隐患不积极

由于经营者盲目追求自身经济利益最大化,因陋就简,缺少安全第一、生命至上的理念,缺乏消防法律法规知识,管理无章可循,甚至无人问津。对执法人员下达的隐患整改文书,经营者整改也多是应付,甚至存在抵触情绪。从业者缺乏灭火、逃生常识,绝大多数未参加培训,缺乏火灾事故发生时自我保护和组织人员疏散逃生的相关知识。一旦发生火灾事故,往往处于一种无序的状态,很难组织实施有效的应对措施,容易导致人员伤亡。

3. 工作缺乏主动性,管理效能低

属地的乡镇、街道办事处、公安派出所等有关政府、行业部门、监管单位缺少有效的协调与配合,在消防检查中,往往存在依赖思想,满足于应付状态,整治工作缺乏主动性和连续性,直接影响对"九小场所"监督管理工作效果。

4. 监管投入不足,基础工作薄弱

"九小场所"数量众多,分布较广,变动性较大,监管难度大。经营业主自身安全主体责任履行不到位,隐患排查不及时,隐患整治力度不够。相关的部门监管人员变动频繁、监管力量明显不足。"九小场所"基础数据台账不明、底数不

清；由于职能部门监管措施不够细化，监管人员业务水平滞后，基层基础工作欠账较多。

5.部分地区无证非法经营现象依然存在

在平时的日常巡查检查中发现，家庭式、作坊式加工企业无证非法经营；部分无证经营者躲藏在居民区、住家庭院中，甚至还存在采取流动式经营方式"换一枪打一炮"与监管执法人员"躲猫猫"，隐蔽性极强。

三、"九小场所"的火灾防控特点

1.建筑结构与材料

"九小场所"，由于其规模较小和经济条件的限制，在建筑设计和装修材料的选择上往往存在妥协。特别是位于城乡接合部的房屋，有很多是村民自建房，缺少消防设施。这导致部分场所采用了易燃可燃材料进行装修，如木质结构、塑料装饰、布艺窗帘等，这些材料在火灾中极易燃烧，不仅加速了火势的蔓延，还产生了大量的有毒烟雾，对人员的生命安全构成极大威胁。此外，由于成本考虑，部分"九小场所"的建筑结构可能不够坚固，如使用薄壁隔断、轻质屋顶等，这些结构在火灾中容易受损倒塌，进一步加剧了火灾的危害性。

2.用电安全

在"九小场所"中，用电安全问题尤为突出。由于场所规模较小，电气设备往往密集布置，且可能存在线路乱接、超负荷运行等现象。电气设备老化、线路绝缘破损、接头松动等问题也时有发生，这些都极易引发短路、电弧等电气故障，从而点燃周围可燃物，引发火灾。此外，部分"九小场所"可能缺乏专业的电工进行定期维护和检查，导致电气安全隐患长期存在，增加了火灾发生的风险。

3.人员密集与疏散困难

"九小场所"通常人员密集，如小饭店、小旅馆等，这些场所往往吸引了大量的顾客和员工。然而，由于场所面积有限，疏散通道可能狭窄或堵塞，如走廊过窄、楼梯间堆放杂物等。一旦发生火灾，人员恐慌和拥挤会进一步加剧疏散难度，导致疏散时间延长，增加了人员伤亡的风险。此外，部分"九小场所"可能缺乏明确的疏散指示和应急照明，使得人员在火灾中难以找到安全的疏散路线。

4.消防设施不足

消防设施是扑救初起火灾、控制火势蔓延和保障人员安全的重要手段。然而，在部分"九小场所"中，消防设施的配置可能存在严重不足。一方面，由于经济条件和场所规模的限制，部分场所可能未配备足够的消防设施，如灭火器、消防栓等。另一方面，即使配备了消防设施，也可能存在维护不善、失效或过期等问题，如灭火器压力不足、消防栓无水等。这些都会导致在火灾发生时，无法及时有效地进行扑救，从而加剧了火灾的危害性。

"九小场所"的火灾风险特点主要体现在建筑结构与材料、用电安全、人员密集与疏散困难以及消防设施不足等方面。为了降低火灾风险，保障人员生命安全，需要加强对"九小场所"的消防安全监管和宣传教育，提高场所负责人和员工的消防安全意识，完善消防设施配置和维护机制，确保在火灾发生时能够及时有效地进行应对和扑救。

四、"九小场所"易被忽略的火灾隐患

1. 易燃、可燃物较多

"九小场所"通常存放有大量的易燃、可燃物品，如纸张、塑料、布料、燃料等。这些物品一旦接触到火源，很容易引发火灾，并且火势会迅速蔓延。

2. 用火用电用气量大

"九小场所"的用火、用电、用气量通常较大。例如，餐馆需要使用燃气炉具，商店、网吧、旅馆等需要长时间开启电灯、电脑等设备。这些设备如果长时间使用或者管理不善，容易引发电气线路故障、燃气泄漏等问题，从而引发火灾。

3. 建筑不规范，耐火等级低

许多"九小场所"的建筑结构并不规范，耐火等级较低。这些场所可能采用易燃或可燃材料装修、隔断，或者存在违规搭建彩钢板房等情况。一旦发生火灾，火势会迅速蔓延，且建筑本身难以抵御火势。

4. 安全责任不落实，管理混乱

"九小场所"的经营者往往对消防安全重视不够，安全责任落实不到位。场所内可能存在违规安装电器产品、燃气用具及其线路、管路的情况，或者存在违章用火、用电、用气、用油的行为。此外，场所内的消防设施可能不足或损坏，逃生通道可能被堵塞或占用。图5-14显示了经营场所消防合规的重要性。

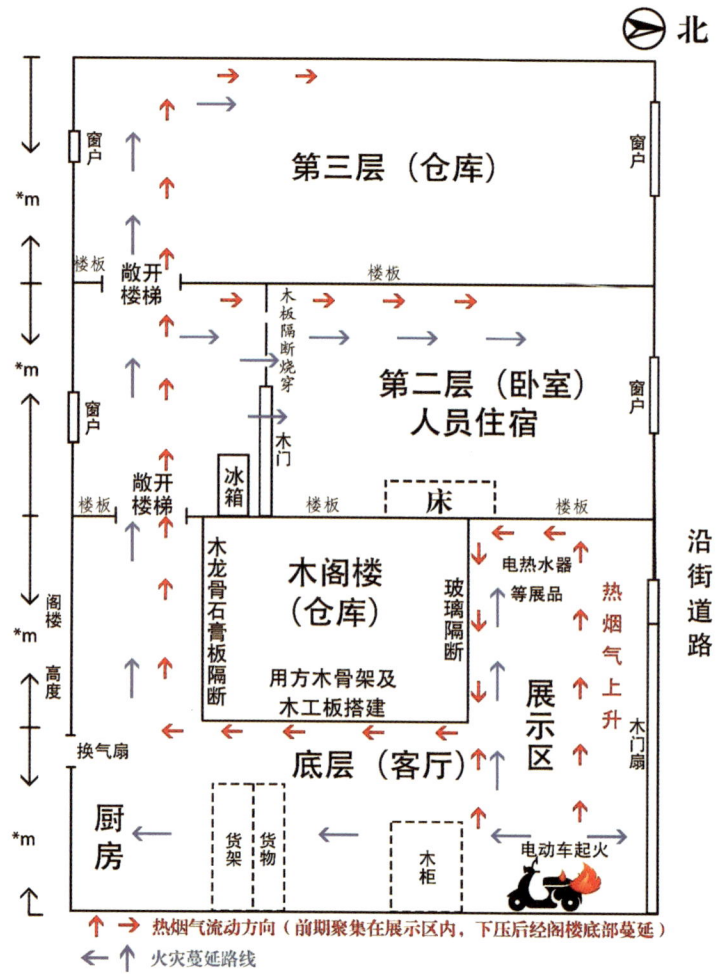

图5-14 临泉县鲖城镇鲖姜路门市部火灾事故现场剖面示意图（由东向西）

5. 人员消防安全意识淡薄

"九小场所"的工作人员和顾客通常缺乏足够的消防安全意识。他们可能不了解基本的火灾预防、初起火灾扑救、疏散逃生等消防安全知识。在火灾发生时，他们可能无法采取正确的应对措施，从而增加火灾的危害性。

> **案例5-21：吉林长春宏禹小油饼百姓餐厅"9·28"重大火灾事故**
>
> 2022年9月28日，吉林省长春市宏禹小油饼百姓餐厅发生重大火灾事故，造成17人死亡。经查，火灾原因系违规电焊作业引发。该餐厅共2层，建筑高度6.5米，实际建筑面积约261平方米，建筑原为一层，产权人自行搭建二层楼板。

事故的主要问题教训：餐馆违规进行"气改油"改造，未按规定在停业状态下施工，且施工作业选择在营业高峰、人流密集时段，电焊人员无焊割作业资格证，违章冒险动火作业引起火灾，部分窗户被广告牌匾和防盗窗遮挡影响人员疏散与救援，最终酿成惨剧。

五、"九小场所"的火灾防控措施

1. 加强用电安全管理

"九小场所"的用电安全管理是预防火灾的关键环节。首先，必须建立定期检查电气设备的制度，确保所有线路连接牢固，无老化、破损现象。这包括检查电线、插头、插座、开关等电气元件的完好性，以及电气设备的运行状态。通过定期检查，可以及时发现并排除电气安全隐患，防止因电气故障引发火灾。

其次，要避免超负荷使用电器，不随意拉接电线，不使用劣质电器产品。超负荷使用电器会导致线路过热，增加火灾风险；随意拉接电线则可能造成线路短路或接触不良，引发火灾；而劣质电器产品往往存在安全隐患，易引发火灾事故。因此，"九小场所"应严格控制电器的使用，确保电气设备的负荷在安全范围内，并选用质量可靠的电器产品。

最后，配备漏电保护装置是保障用电安全的重要措施。漏电保护装置能够在电气设备发生漏电时迅速切断电源，防止因漏电引发火灾或触电事故。"九小场所"应根据实际情况，在关键位置安装漏电保护装置，并确保其正常运行。

2. 改善建筑结构与装修材料

"九小场所"的建筑结构与装修材料对火灾风险具有重要影响。为了降低火灾风险，应采用不燃或难燃材料进行装修。这些材料在火灾中不易燃烧，能够减缓火势的蔓延速度，为人员疏散和火灾扑救争取宝贵时间。同时，还应确保建筑结构坚固，提高建筑的耐火等级。这包括加强建筑的承重结构、使用耐火材料建造隔断和屋顶等。通过改善建筑结构与装修材料，可以有效降低"九小场所"的火灾风险。

3. 保持疏散通道畅通

在"九小场所"中，保持疏散通道畅通是确保人员安全疏散的关键。首先，应确保疏散通道、安全出口畅通无阻，不堆放杂物。这包括清理走廊、楼梯间等疏散通道上的障碍物，确保人员能够顺利通行。其次，应设置明显的疏散指示标志，引导人员迅速疏散。这些标志应设置在易于观察的位置，如走廊拐角、楼梯口等，以便在火灾发生时能够迅速引导人员找到安全出口。

4.配备消防设施

消防设施是扑救初起火灾、控制火势蔓延和保障人员安全的重要手段。"九小场所"应根据场所面积和火灾风险等级，配备足够的消防设施。这包括灭火器、消防栓等基本的灭火设备，以及火灾自动报警系统、自动喷水灭火系统等先进的消防设施。同时，还应定期检查消防设施，确保其完好有效。这包括检查灭火器的压力是否充足、消防栓是否有水、火灾自动报警系统是否正常运行等。通过配备和检查消防设施，可以在火灾发生时迅速进行扑救，控制火势蔓延，保障人员安全。

5.加强消防宣传教育

加强消防宣传教育是提高"九小场所"负责人和员工消防安全意识的重要途径。首先，应对"九小场所"的负责人和员工进行消防安全培训。通过培训，使他们了解火灾的危害性、预防措施和应急处理方法，提高他们的消防安全意识和自救互救能力。其次，应在场所内设置消防安全宣传栏。通过宣传栏，普及消防安全知识，如火灾的成因、预防措施、疏散逃生方法等，使人员能够时刻保持对消防安全的关注。通过加强消防宣传教育，可以形成人人关注消防、人人参与消防的良好氛围，为"九小场所"的消防安全提供有力保障。

案例5-22：江西新余"1·24"特别重大火灾事故

2024年1月24日15时22分，江西省新余市渝水区佳乐苑小区临街商住综合楼发生了一起特别重大火灾事故。这起火灾事故造成39人死亡、9人受伤，直接经济损失高达4352.84万元。这次火灾事故，亡人最多的是在二楼。博弈教育咨询有限公司（教育培训机构）共死亡32人，其中学生31人，教师1人。聚馨源宾馆有6名住宿的旅客遇难。在地下一层有1名工人遇难（施工人员）。

事故发生后，党中央、国务院高度重视，立即作出重要指示，并成立了由应急管理部牵头的事故调查组进行深入调查。经国务院调查组调查认定，这是一起因涉事房主违法违规改变商住综合楼地下一层用途用作出租经营，冷库建设施工单位违规建设冷库时起火，涉事建筑先天存在防火分隔重大缺陷，教育培训机构和宾馆违规经营，属地有关部门专业监管和行业管理失职缺位，地方党委政府安全领导责任落实不到位，导致的生产安全责任事故。

新余凝霜制冷设备有限公司法定代表人吴和根、新余市渝水区佰烩香烧烤原料批发部实际经营者吴勇、新余市博弈教育咨询有限公司法定代表人柳金汉、新余市渝水区佳乐苑小区临街店铺实际控制人陈建平和新余市渝水区聚馨源宾馆经营者张建生等10人涉嫌重大责任事故罪，被公安机关立案侦查，并被检察机关批准逮捕。另外，有55名公职人员被问责，给予相应的党纪政务处分。

事故原因

经过国务院调查组查明，事故的直接原因是：佳乐苑综合楼地下一层违法违规建设冷库，施工作业中使用聚氨酯泡沫填缝剂时释放易燃气体局部积聚达到可燃条件，在挤塑板上铺设塑料薄膜时产生静电放电点燃积聚的易燃气体，迅速引燃聚氨酯泡沫、挤塑板等易燃可燃材料，产生大量有毒烟气。

违法违规建设：涉事房主违法违规改变商住综合楼地下一层用途用作出租经营，冷库建设施工单位违规建设冷库时起火。

防火分隔缺陷：涉事建筑先天存在防火分隔重大缺陷，地下一层与一层共用的疏散楼梯防火分隔缺失，导致烟气快速蔓延至二层。

施工操作不当：施工作业中使用聚氨酯泡沫填缝剂时释放易燃气体局部积聚达到可燃条件，在挤塑板上铺设塑料薄膜时产生静电放电点燃积聚的易燃气体，迅速引燃聚氨酯泡沫、挤塑板等易燃可燃材料，产生大量有毒烟气。

违规经营与管理失责：教育培训机构和宾馆违规经营，属地有关部门专业监管和行业管理失职缺位，地方党委政府安全领导责任落实不到位。

事故的教训与警示

严格遵守法规，杜绝违法违规建设：任何建筑的使用和改造都必须严格遵守相关法规，杜绝违法违规建设行为。特别是涉及消防安全的部分，必须严格按照规范进行设计和施工，确保建筑物的消防安全性能。

加强防火分隔，确保疏散通道畅通：建筑物的防火分隔和疏散通道是保障人员生命安全的重要设施。必须确保防火分隔设施完好有效，疏散通道畅通无阻，以便在火灾发生时人员能够迅速疏散。

规范施工操作，提高安全意识：在施工过程中，必须严格遵守操作规程，确保施工安全。特别是对于涉及易燃易爆材料的施工，必须采取严格的安全措施，防止因操作不当引发火灾事故。

加强监管，落实安全责任：各级政府和有关部门必须加强对各类场所的消防安全监管，落实安全责任。对于发现的安全隐患，必须及时整改，确保消防安全。

加强消防宣传教育，提高自救互救能力：通过加强消防宣传教育，提高公众对消防安全的认知度和自救互救能力。在火灾发生时，能够迅速采取正确的应对措施，减少人员伤亡和财产损失。

习近平总书记指出，"安全生产是民生大事，一丝一毫不能放松，要以对人民极端负责的精神抓好安全生产工作"。江西新余"1·24"特别重大火灾事故是一起令人痛心的悲剧，不仅造成了巨大的人员伤亡和财产损失，也给"九小场所"的消防安全管理工作敲响了警钟。我们必须深刻吸取教训，举一反三，加强消防安全工作，确保人民群众的生命财产安全。

第六章

国内外火灾形势报告

● 第一节　全球火灾形势概览

在全球范围内，火灾作为一种普遍存在的灾害形式，其影响深远且广泛，对人类社会的安全与稳定构成了持续的挑战。火灾不仅发生在自然环境中，如森林、草原等，也频繁地出现在人类活动的各个领域，包括建筑、工业、交通等，成为了一种不容忽视的全球性问题。

近年来，全球火灾出现了一些新的趋势，这些趋势反映了气候变化、城市化进程以及人类活动对火灾发生频率、规模及影响范围的影响。以下是对这些新趋势的详细论述：

一、火灾频率与规模的显著增长：气候变化加剧的连锁反应

随着全球气候变暖趋势的持续加剧，极端天气事件，尤其是高温和干旱，正以前所未有的频率和强度冲击着我们的地球。这些极端气候条件，无疑为火灾的发生和快速蔓延提供了极为有利的外部环境。由此，全球范围内，无论是城市还是自然区域，火灾的频率和规模均呈现出显著的增长态势。

气候变化对火灾活动的深远影响，更警示我们，若不及时采取有效措施应对气候变化，未来火灾的威胁将更加严峻。此外，由于气候变暖导致的干旱加剧，许多地区的可燃物含水量降低，进一步加剧了火灾的风险和蔓延速度。

除了森林火灾，城市火灾也同样受到气候变化的影响。例如，在高温天气下，电力设备的负荷增加，容易发生故障引发火灾；同时，干旱导致的水源紧张也使得消防工作面临更大挑战。此外，气候变化还可能引发雷暴等极端天气现象，增加由雷电引发的火灾风险。

在全球范围内，不乏因气候变化而加剧的火灾案例。如澳大利亚的丛林大火，近年来频繁发生且规模巨大，给当地生态环境和居民生活带来了巨大威胁；美国西部的森林火灾也呈现出类似的趋势，火势猛烈且难以控制。这些案例无不警示我们，气候变化对火灾活动的影响已经不容忽视。

气候变化正在通过加剧极端天气事件等方式，显著增加全球范围内火灾的频率和规模。为了应对这一挑战，我们需要加强气候变化适应和减缓措施的研究与实施，同时提高火灾预防和应急救援能力，以减轻火灾对人类社会和自然环境的破坏。

二、火灾类型的多样化及其影响深化

随着全球城市化进程的加速推进以及人口密度的不断增加，火灾类型已不再局限于传统的森林火灾，而是呈现出多样化的特点。建筑火灾、工业火灾、城市野火等新型火灾类型日益增多，这些火灾不仅威胁着人们的生命财产安全，也对社会经济发展构成了严峻挑战。

特别是在一些发展中国家和地区，由于基础设施建设相对滞后，消防资源严重不足，这些新型火灾往往造成更为严重的后果。据统计，发展中国家每年因火灾造成的经济损失高达数十亿美元，而人员伤亡更是无法估量。这些火灾的频发，不仅暴露了这些国家在消防安全管理方面的短板，也凸显了加强火灾防控和应急救援体系建设的紧迫性。

以美国加利福尼亚州为例，近年来该地区频繁发生的山火已成为全球关注的焦点。这些山火不仅烧毁了大量森林和民居住宅，还导致空气污染严重，影响了当地居民的正常生活。据统计，加利福尼亚州每年因山火造成的经济损失高达数十亿美元，而灭火和救援工作也消耗了大量的人力、物力和财力。

此外，希腊、土耳其等地发生的森林大火也显示了火灾类型多样化的趋势。这些火灾往往由极端天气条件引发，如高温、干旱和强风等，火势蔓延迅速，难以控制。这些火灾不仅给当地生态环境造成了巨大破坏，也影响了当地居民的生产和生活。

除了上述案例外，还有一些其他类型的火灾也值得我们关注。例如，随着电动汽车的普及，锂电池火灾逐渐成为一种新的火灾类型。由于电池内部化学反应的复杂性，电池火灾的扑救难度极大，给消防工作带来了新的挑战。此外，随着城市化进程的推进，高层建筑火灾和地下空间火灾等新型火灾类型也日益增多，这些火灾的扑救和救援工作都需要更加专业的技术和设备支持。

火灾类型的多样化及其影响的深化已成为全球面临的重要问题。为了应对这一挑战，我们需要加强火灾防控和应急救援体系的建设，提高消防安全管理水平，加强国际合作与交流，共同应对火灾带来的威胁。同时，也需要加强公众对火灾的认识和防范意识，提高自救互救能力，减少火灾造成的损失。

三、火灾跨国界传播风险加剧

在全球化的时代背景下，火灾的跨国界传播风险已成为不可忽视的重大挑战，尤其是森林火灾，其迅猛的蔓延速度和广泛的波及范围，使得跨国界传播成为可能，对受灾国及周边国家的生态安全与救援工作构成了严峻威胁。

森林火灾作为火灾跨国界传播的主要类型，其特点在于火势难以控制，一旦蔓延至国界附近，极易跨越边界，影响邻国。这种跨国界传播不仅增加了救援难度，因为涉及不同国家的协调与合作，还可能导致生态灾难的跨国界扩散，对生物多样性、气候变化乃至全球经济产生深远影响。

面对火灾跨国界传播的风险加剧，国际社会需加强合作与协调，共同制定应对策略。具体措施包括：加强跨国界火灾监测和预警系统的建设，提高早期发现和应对能力；加强跨国界救援力量的协调与合作，提高联合救援效率；加强跨国界生态保护和恢复工作，减少火灾对生态环境的长期影响；加强跨国界信息共享和沟通机制建设，提高应对火灾跨国界传播风险的整体能力。

火灾跨国界传播风险的加剧是全球面临的共同挑战。只有通过加强国际合作与协调，共同制定和实施有效的应对策略，才能有效应对这一挑战，保护人类共同的家园。

四、火灾造成的经济损失和人员伤亡加重

随着全球范围内火灾频率和规模的显著增加，火灾所带来的经济损失和人员伤亡问题日益严峻，成为社会各界高度关注的焦点。这些灾难性事件不仅瞬间摧毁了大量建筑物、基础设施和宝贵的自然资源，还对受灾地区的经济和社会发展造成了长期且深远的影响。以下将通过具体案例和数据分析，深入探讨火灾造成的经济损失与人员伤亡的严重性。

火灾造成的经济损失往往难以估量，它不仅包括直接财产损失，如建筑物、设备、库存等的损毁，还涵盖了因火灾导致的生产中断、商业活动停滞、旅游业受挫等间接经济损失。这些损失往往远超火灾本身的直接破坏范围，对当地乃至整个国家的经济体系构成冲击。

案例6-1：巴西国家博物馆火灾

2018年9月2日晚，巴西国家博物馆发生了一场毁灭性的火灾，导致该馆收藏的超过2000万件文物被毁。更为严重的是，这场火灾还造成了多名消防员的牺牲和受伤。这场灾难不仅让巴西失去了宝贵的历史文化遗产，也给消防人员及其家庭带来了巨大的悲痛。

案例6-2：巴黎圣母院火灾

当地时间2019年4月15日下午6点50分左右，法国巴黎圣母院发生火灾，整座建筑损毁严重。着火位置位于圣母院顶部塔楼，大火迅速将圣母院塔楼的尖顶吞噬，尖顶如被拦腰折断一般倒下。

法国巴黎圣母院发生的这起严重火灾，导致这座具有800多年历史的哥特式建筑严重受损。虽然火灾中没有人员伤亡报告，但这场灾难仍然引起了全球范围内的关注和哀悼。它再次提醒我们，火灾对文化遗产的破坏是不可逆的，必须引起高度重视。

面对火灾造成的经济损失和人员伤亡问题，各国政府和相关部门必须采取更加有力的措施来加强火灾预防和应急救援工作。这包括加强火灾监测和预警系统建设、提高消防装备水平和人员素质、加强公众消防安全教育和宣传等。同时，国际社会也应加强合作与交流，共同应对火灾这一全球性挑战。

未来，随着科技的进步和社会的发展，我们有理由相信火灾造成的经济损失和人员伤亡问题将得到有效缓解。然而，这需要我们每个人的共同努力和持续关注。让我们携手共进，为创造一个更加安全、和谐的社会环境而不懈奋斗。

五、火灾防控技术与策略的创新

在全球化和城市化进程不断加速的背景下，火灾防控工作已成为各国政府、科研机构及社会各界共同关注的焦点。面对日益复杂的火灾形势，国际上火灾防控技术与策略的创新正以前所未有的速度推进，为提升火灾防控能力、保障人民生命财产安全提供了强有力的支撑。

1. 智能化技术的广泛应用

智能化技术的飞速发展，为火灾防控领域带来了革命性的变化。智能火灾报警系统利用先进的传感器技术和人工智能算法,能够实时监测烟雾、温度、气体等火灾隐患因素,一旦发现异常立即触发报警,大大提高了火灾预警的准确性和及时性。这些系统还可以与智能家居设备集成,实现火灾发生时的自动断电、关闭燃气阀门等应急措施,进一步降低火灾风险。

智能消防云平台是另一个重要创新点。该平台集火灾监测、数据分析、资源调度于一体,通过大数据分析和云计算技术,实现火灾信息的实时共享和跨区域协同作战。当火灾发生时,智能消防云平台能够迅速收集和分析火灾数据,为消防部门提供精准的决策依据,同时实现消防资源的智能调度,确保救援力量能够迅速准确地到达火灾现场。

2. 高效灭火技术的突破

在灭火技术领域,一系列创新技术正逐步应用并展现出巨大潜力。灭火机器人作为其中的佼佼者,能够在危险环境中进行侦查和灭火工作,大大降低了消防员受伤的风险。这些机器人配备了先进的传感器和灭火设备,能够自主导航、识别火源并实施精准灭火。

无人机技术在火灾防控中的应用也日益广泛。无人机可以快速飞越火灾现场,提供实时的空中监测和图像传输,帮助指挥员更好地了解火灾情况并做出决策。同时,无人机还可以携带灭火设备对小型火灾进行扑灭,提高了灭火效率。

3. 新型防火材料的研发

新型防火材料的研发为提升建筑物防火性能提供了有力保障。防火涂料、防火胶水等新型防火材料具有耐高温、阻燃、防火延时等特点,能够在火灾发生时有效隔离火焰和热量,减少火灾蔓延的速度和范围。此外,一些具有自愈复原能力的防火涂料和防火胶水在火灾后能够自动修复损伤部位,进一步增强了建筑物的防火性能。

4. 国际合作与交流的深化

面对跨国界火灾等全球性挑战,国际合作与交流显得尤为重要。各国政府、科研机构及消防部门正通过加强信息共享、技术交流和人员培训等方式,共同提升火灾防控能力。国际民防机制的启动为跨国界火灾救援提供了有力保障,使得各国能够在火灾发生时迅速响应、协同作战。同时,国际组织也积极推动全球火灾防控标准的统一和互认,促进各国在火灾防控领域的合作与交流。

5. 法规政策与公众教育的强化

除了技术创新外,完善法规政策与加强公众教育也是提升火灾防控能力的重要手段。各国政府不断完善消防法规体系,明确各方责任和义务,规范火灾预防、报警、灭火等各个环节。同时,加强对公众的火源教育和培训,提高人们的火灾预防意识和火源操作技能。通过社区活动、在线课程、宣传海报等多种形式普及消防知识,增强居民的自我防护能力。

第二节　国外火灾防控先进经验

在应对全球火灾形势的挑战中，许多发达国家凭借其先进的科技水平、完善的法规体系和深入人心的公众教育，取得了显著的成效。

一、智能化技术应用

智能化技术是现代火灾防控的重要手段之一，许多发达国家在此领域的应用已经相当成熟。智能烟雾探测器能够实时监测空气中的烟雾浓度，一旦发现异常便会自动触发报警系统，及时通知相关人员进行处理。这种探测器不仅灵敏度高，而且能够减少人为因素导致的误报和漏报，提高了火灾预警的准确性和可靠性。

自动喷水灭火系统是另一种重要的成熟技术。当火灾发生时，系统能够自动感应到火源，并立即启动喷水装置进行灭火。这种系统不仅响应速度快，而且灭火效果好，能够有效地控制火势的蔓延，降低火灾造成的损失。

远程监控平台则是将智能化技术应用于火灾防控的更高层次。通过该平台，消防部门可以实时监控各地的火灾情况，及时发现并处理潜在的火灾隐患。同时，平台还可以对消防设施进行远程管理和维护，确保其处于良好状态，为火灾防控提供有力保障。

二、法规体系与标准建设

完善的法律法规和严格的消防安全标准是国外火灾防控成功的关键。许多发达国家都制定了详细的消防安全法规，对建筑物的消防设施、消防车通道、疏散指示等方面都有明确的规定。这些法规不仅要求建筑物必须安装火灾报警系统、喷淋、消火栓等基本消防设施，还规定了定期进行消防安全检查和演练的制度，确保了消防安全的制度化、规范化管理。

在消防安全标准方面，很多国家和地区制定了严格的标准体系。这些标准对消防产品的性能、质量、使用寿命等方面都有明确的要求，确保了消防产品的可靠性和有效性。同时，国外还注重对消防从业人员的培训和管理，提高他们的专业素养和应急处理能力，为火灾防控提供有力的人才保障。

三、公众教育与意识提升

世界各国在火灾防控中非常注重公众教育和意识提升。通过学校教育、媒体宣传、社区活动等多种渠道，普及消防安全知识，提高公众的火灾防范意识和自救互救能力。学校教育是公众教育的重要组成部分，许多国家都将消防安全知识纳入学校课程，从小培养学生的消防安全意识。

媒体宣传也是提高公众消防安全意识的重要途径。通过电视、广播、报纸、互联网等媒体平台，广泛宣传消防安全知识，让公众了解火灾的危害性和预防措施。同时，世界各国还注重利用社交媒体等新媒体平台，扩大宣传范围，强化宣传效果。

社区活动则是将消防安全知识与实践相结合的有效方式。各个国家通过组织消防演练、消防安全讲座等活动，让公众亲身体验消防安全的重要性，提高他们的应急处理能力和自救互救能力。

世界各国在火灾防控方面取得了显著的成效，这得益于其智能化技术的应用、完善的法规体系与标准建设以及深入的公众教育和意识提升。这些先进经验为我国提供了有益的借鉴和启示，有助于我们更好地应对火灾挑战，保障人民生命财产安全。

第三节　中国火灾形势分析

中国作为世界上最大的发展中国家，在经济快速增长和城市化进程不断加速的背景下，火灾形势面临着严峻的挑战。尽管政府高度重视消防安全，持续加大投入，但高层建筑火灾、电气火灾、化工企业火灾等事件仍时有发生，给社会造成了巨大的人员伤亡和财产损失。

一、火灾总体形势

近年来，我国的火灾数量虽然有所波动，但总体仍处于较高水平。火灾类型多样，包括住宅火灾、商业火灾、工业火灾等，其中高层建筑火灾、电气火灾和化工企业火灾尤为引人关注。这些火灾不仅损失巨大，而且往往伴随着严重的人员伤亡，给社会带来了沉重的负担。

二、高风险区域分析

1. 高层建筑

随着城市化进程的推进，高层建筑如雨后春笋般涌现。相比之下，国外高楼大厦的建设数量在减少，尤其是在经济危机和新冠疫情后，许多国家的经济较为疲敝，对高楼大厦的建设需求降低

近年来，高层建筑的消防安全问题日益凸显。由于建筑高度高、人员密集、疏散难度大，一旦发生火灾，往往难以迅速有效控制。截至2023年底，我国已投入使用的高层建筑总量约115.3万栋，其中高层公共建筑13万栋，高层住宅建筑102.3万栋。高度超过100米的高层公共建筑有5099栋，建筑高度最高的是上海中心大厦632米。2023年，高层建筑火灾数量达到了38750起，呈现快速增长趋势。高层建筑火灾事故频发，给人民群众的生命财产安全带来了严重威胁。

2. 城乡接合部与老旧社区

城乡接合部和老旧社区由于历史遗留问题较多，消防设施普遍落后，居民消防意识薄弱，成为火灾防控的难点和重点。这些区域往往存在私拉乱接电线、违规使

用燃气等现象,火灾隐患十分突出。一旦发生火灾,火势容易迅速蔓延,给救援工作带来极大困难。

3. 化工企业

化工企业由于其生产过程的特殊性和危险性,一直是火灾防控的重点对象。近年来,随着化工行业的快速发展,化工企业火灾事故也时有发生。这些火灾不仅损失巨大,而且往往伴随着有毒有害气体的泄漏,对环境和人民群众的生命健康造成严重影响。

三、火灾原因分析

火灾,作为威胁公共安全与人民生命财产安全的重大灾害之一,其成因多种多样,深入分析并理解这些原因对于预防和控制火灾具有至关重要的意义。以下是对几种主要火灾原因的详细阐述。

1. 电气火灾

电气火灾在中国乃至全球范围内都是火灾事故的主要类型,其发生频率高、危害大。电气设备老化是导致电气火灾的主要原因之一。随着时间的推移,电线、电缆、开关等电气设备的绝缘层可能因老化而破损,裸露的电线容易短路或产生电弧,从而引发火灾。此外,私拉乱接电线也是电气火灾的常见诱因。一些居民或单位为了图方便,未经专业设计和审批,私自接线,这不仅破坏了原有的电气安全系统,还极易造成线路过载,引发火灾。超负荷用电同样不容忽视。随着生活水平的提高,家用电器的种类和数量不断增加,如果电路设计不合理或未及时升级,很容易因超负荷运行而产生大量热量,最终引发火灾。特别是在夏季高温季节,由于环境温度高,电气设备的散热条件变差,电气火灾的风险更加突出。

2. 用火不慎

用火不慎是引发火灾的另一个重要原因。在日常生活中,居民在使用明火时往往缺乏足够的安全意识。例如,在厨房烹饪时,如果离开灶台而未及时关闭火源,或者油锅过热导致起火,都可能引发火灾。此外,卧床吸烟也是一大隐患。一些人习惯在床上吸烟,如果烟蒂未熄灭就随手丢弃,很容易引燃被褥、床单等可燃物,导致火灾发生。用火不慎还体现在对易燃易爆物品的处理上。一些居民可能将易燃物品放置在靠近火源的地方,或者在不安全的环境下使用明火,这些都大大增加了火灾的风险。

3. 人为因素

人为因素在火灾事故中同样占有一定比例。一些人出于各种原因，如报复、泄愤、精神异常等，故意放火或破坏公共设施，给社会带来了极大的安全隐患。这些行为不仅可能导致人员伤亡和财产损失，还可能破坏社会稳定和公共安全。此外，一些儿童或青少年由于缺乏安全意识和判断力，也可能因为好奇或恶作剧而引发火灾。因此，加强对公众的安全教育，提高人们的安全意识和法律意识，对于预防和控制人为因素引发的火灾具有重要意义。

电气火灾、用火不慎和人为因素是引发火灾的三大主要原因。为了有效预防和控制火灾，需要政府、社会和个人共同努力，加强电气安全管理、提高公众的安全意识、严厉打击故意纵火等违法行为，共同营造一个安全、和谐的生活环境。

四、火灾防控措施与建议

1. 加强消防设施建设

政府应加大对城乡接合部、老旧社区等区域的消防设施建设投入，完善消防设施，提高火灾防控能力。同时，加强对高层建筑、化工企业等重点单位的消防安全监管，确保消防设施完好有效。

2. 提高公众消防意识

通过学校教育、媒体宣传等多种渠道，普及消防安全知识，提高公众的消防意识和自救互救能力。特别是在城乡接合部、老旧社区等区域，要加强消防宣传教育，提高居民的消防安全意识和自我防护能力。

3. 加强火灾隐患排查整治

各级政府和相关部门应加强对火灾隐患的排查整治工作，及时发现并消除火灾隐患。特别是对于高层建筑、化工企业等重点单位，要定期开展消防安全检查，确保消防安全措施得到有效落实。

4. 推广智能化消防技术

积极推广智能化消防技术，如智能烟雾探测器、自动喷水灭火系统等，提高火灾预警和初期处置能力。同时，加强消防信息化建设，实现火灾防控工作的智能化、精准化。

中国火灾形势依然严峻，需要政府、社会和个人共同努力，加强消防设施建设、提高公众消防意识、加强火灾隐患排查整治和推广智能化消防技术等多方面措施并举，以有效应对火灾挑战，保障人民生命财产安全。

第四节　国内外火灾防控对比与启示

火灾，这一自然灾害与人为因素交织的威胁，无论在国内还是国外，都对其防控工作给予了高度的重视。在深入探究国内外火灾防控的实践中，我们可以发现一些显著的共性，这些共性构成了全球火灾防控工作的基石。

一、国外的火灾防控先进经验

1. 重视法规建设

无论是国内还是国外，都深刻认识到消防安全法规在火灾防控中的核心地位。这些法规不仅为火灾防控提供了明确的指导和规范，还通过立法手段，将各方的责任和义务具体化，确保了消防工作的有序进行。在我国，从《中华人民共和国消防法》到地方性的消防法规，都体现了对消防安全的高度重视。而在国外，各国也根据其国情和实际情况，制定了相应的消防安全法规，为火灾防控提供了坚实的法律保障。这些法规不仅规定了消防设施的建设标准、消防人员的职责和权限，还明确了公众在消防安全中的责任和义务，从而形成了全社会共同参与的火灾防控体系。

2. 强调应急响应

在火灾发生时，应急响应的速度和效率直接关系到火灾的扑救效果和人员伤亡情况。因此，国内外都高度重视应急响应机制的建设和完善。通过建立完善的应急指挥体系、加强消防队伍的建设和训练、提高消防设备的性能和可靠性等措施，确保在火灾发生时能够迅速调动各方力量，有效应对火灾挑战。在国内，各级政府和消防部门都制定了详细的应急预案，并定期进行演练和评估，以提高应急响应的实战能力。而在国外，一些发达国家还建立了先进的消防通信系统和指挥调度系统，实现了火灾信息的快速传递和资源的优化配置，为火灾扑救提供了有力的支持。

3. 注重公众教育

提高公众的消防安全意识是国内外火灾防控的共同目标。公众作为社会的基本单元，其消防安全意识和行为直接影响到整个社会的消防安全水平。因此，国内外都注重通过广泛的教育和宣传，增强公众的火灾防范意识和自救互救能力。在国内，各级政府、消防部门和社会组织都积极开展消防安全宣传教育活动，通过举办讲座、展览、演练等形式，向公众普及消防安全知识和技能。而在国外，一些发达国家还将消防安全教育纳入学校课程，从小培养学生的消防安全意识和自救能力。这些教育和宣传活动不仅提高了公众的消防安全素质，还促进了全社会对消防工作的关注和支持。

国内外在火灾防控工作中都高度重视法规建设、强调应急响应和注重公众教育。这些共性不仅体现了全球对消防安全的共同认识和追求，也为未来的火灾防控工作提供了有益的借鉴和参考。在未来的发展中，我们需要继续加强国际合作与交流，共同推动全球火灾防控工作的进步与发展。

二、国内外火灾防控差异

在火灾防控领域，国内外虽存在诸多共性，但受经济发展水平、技术创新能力、社会文化差异等多种因素影响，也呈现出一些明显的差异。

1. 智能化技术应用

经济发达国家在智能化技术应用方面走在前列，尤其是在消防领域。智能烟雾探测器、自动喷水灭火系统、火灾报警系统等先进技术已广泛应用于各类场所，如住宅、商业建筑、工业设施等。这些智能化设备能够实时监测火灾隐患，一旦发生火灾，能够迅速响应，有效遏制火势蔓延，为人员疏散和火灾扑救争取宝贵时间。相比之下，中国虽然也在积极推广智能化消防技术，但受经济发展水平和技术创新能力限制，目前在应用广度和深度上仍有待提升。不过，随着科技的进步和政府对消防安全重视程度的提高，中国正逐步加大智能化消防技术的研发和应用力度，未来有望缩小与国外的差距。

2. 法规执行力度

经济发达国家在法规执行方面表现较为严格，对违反消防安全规定的行为处罚力度大，这有效遏制了火灾隐患的产生。政府、消防机构和相关部门密切配合，形成了一套完善的监管体系，确保消防安全法规得到有效执行。而在中国，虽然政府也在不断加强法规执行力度，但仍存在部分地区和领域执行不力的情况。这可能与地方保护主义、监管资源有限、公众安全意识不足等因素有关。为了改善这一状况，中国需要进一步加强法规宣传、加大执法力度、完善监管体系，确保消防安全法规在全国范围内得到有效执行。

3. 公众教育普及度

很多国家在公众教育方面投入较大,通过各种渠道普及消防安全知识,提高公众的消防安全意识。学校、社区、媒体等都积极参与消防安全教育活动,形成了一种全社会共同关注消防安全的良好氛围。相比之下,中国在公众教育方面虽然也有所进展,但在一些偏远地区和农村地区,由于教育资源有限、公众文化水平不高等因素,公众教育普及度仍有待提高。为了缩小这一差距,中国需要加大对偏远地区和农村地区的消防安全教育投入,利用多种渠道和形式普及消防安全知识,提高公众的消防安全意识和自救互救能力。

4. 应急响应与救援能力

中国在应急响应速度和大规模救援能力方面表现出其独特优势。得益于完善的应急体系和强大的救援力量,中国能够在短时间内迅速应对大规模火灾等突发事件。政府、消防、医疗、交通等部门密切配合,形成了一套高效、协同的应急响应机制。这在一定程度上减少了火灾造成的人员伤亡和财产损失。而国外虽然也拥有先进的应急响应和救援体系,但在面对大规模火灾等突发事件时,可能由于地域广阔、人口分散等因素,导致应急响应速度和救援能力相对较弱。不过,国外在应急救援技术、装备和人员培训等方面具有较高水平,值得中国学习和借鉴。

国内外在火灾防控方面存在差异,这些差异既反映了不同国家和地区的经济发展水平、技术创新能力和社会文化差异,也为未来的火灾防控工作提供了有益的启示和借鉴。在未来的发展中,各国应加强国际合作与交流,共同推动全球火灾防控工作的进步与发展。

三、启示与建议

针对国内外火灾防控的差异与共性,我们可以从中汲取宝贵的经验与启示,进而提出一系列切实可行的建议,以全面提升火灾防控工作的效能。

1. 加强科技创新

科技创新是推动火灾防控工作进步的关键动力。借鉴国外成功经验,我们应大力加强智能化消防技术的研发和应用。这包括但不限于智能烟雾探测器、自动喷水灭火系统、火灾报警系统等先进技术,它们能够实时监测火灾隐患,迅速响应,并在火灾初期进行有效处置,从而大大降低火灾造成的损失。同时,我们还应加强消防信息化建设,利用大数据、云计算等现代信息技术手段,实现火灾防控工作的智能化、精准化。这不仅可以提高火灾预警的准确性和及时性，还能为火灾扑救和应急救援提供有力的信息支持。

2. 完善法规体系

法规体系是火灾防控工作的基石。为了更有效地遏制火灾隐患的产生，我们应进一步完善消防安全法规体系。这包括明确各方责任，确保政府、企业、社会组织和公众都能明确自己在消防安全中的职责和义务。同时，我们需要加大法规执行力度，对违反消防安全规定的行为进行严厉处罚，以儆效尤。此外，还应加强法规的宣传和普及工作，让更多的人了解消防安全法规的内容和要求，从而自觉遵守，共同维护社会的消防安全。

3. 加大公众教育力度

公众是消防安全工作的主体，提高公众的消防安全意识和自救互救能力是预防火灾、减少损失的重要途径。因此，我们应通过学校教育、媒体宣传等多种渠道，广泛普及消防安全知识。在学校教育中，可以将消防安全知识纳入课程体系，让学生了解火灾的危害性、预防措施和逃生自救方法。在媒体宣传方面，可以利用电视、广播、网络等多种媒体形式，开展形式多样的消防安全宣传活动，提高公众的消防安全意识和自我防护能力。特别是在偏远地区和农村地区，要加强消防宣传教育，确保这些地区的居民也能掌握基本的消防安全知识和技能。

4. 强化应急响应与救援能力

应急响应与救援能力是衡量一个国家或地区火灾防控工作水平的重要标志。为了应对日益复杂的火灾形势和跨国界火灾等全球性挑战，我们应继续加强应急体系和救援力量建设。这包括完善应急预案、加强消防队伍建设、提高消防装备水平等。同时，我们还应加强与国际社会的合作与交流，共同分享火灾防控经验和技术成果，提高全球火灾防控工作的整体效能。在跨国界火灾等全球性挑战面前，各国应携手合作，共同应对，为保护人类共同的安全和福祉贡献力量。

加强科技创新、完善法规体系、加大公众教育力度和强化应急响应与救援能力是提升火灾防控工作效能的关键所在。我们应积极借鉴国内外成功经验，结合自身实际情况，制定切实可行的措施和方案，为构建安全、和谐的社会环境贡献力量。

第五节　面临的挑战与应对策略

随着城市化进程的加快和人口数量的不断增加，社区作为城市的基本单元，其消防安全管理工作面临着前所未有的挑战。社区消防安全不仅关乎居民的生命财产安全，也直接影响到社会的和谐稳定。本节从社区消防面临的多个挑战出发，深入分析其原因，并提出相应的对策。

一、社区消防面临的挑战

1. 消防安全管理制度不健全

当前，部分社区的消防安全管理制度存在不健全的情况，缺乏科学合理的规范和指导。这导致在应对突发火灾等事故时，社区缺乏统一的指导和协调，可能带来严重后果。例如，一些老旧小区由于历史遗留问题，消防安全管理责任不清，监管不到位，使得消防隐患长期存在且难以得到有效整改。

2. 消防设施水平不高

社区消防设施的完善程度直接影响到火灾扑救的效果。然而，目前许多社区的消防设施水平不高，存在设施老化、维护不及时、消防装备陈旧等问题。特别是在一些农村地区和经济欠发达地区，由于经济条件有限，消防设施建设和维护更加滞后。此外，部分居民家庭几乎不配备小型灭火器材，一旦火灾发生，初起火灾难以得到有效控制。

3. 消防通道被堵塞或占用

消防通道是火灾扑救和人员疏散的生命线，但许多社区的消防通道经常被堵塞或占用。社区对外具有一定的相对封闭性，又缺少统一管理，有的社区为了便于管理禁止机动车辆随意进入，在社区入口处安设铁栅栏、石墩等。社区内的一些菜市场、小地摊、书报亭等也见缝插针，占用着消防通道。这不仅影响了居民安全疏散和火灾扑救，还极易造成"火烧连营"的严重后果。

4. 物业管理部门经费不足

社区物业管理部门经费不足是制约社区消防安全管理的重要因素之一。由于物业管理中存在的运作机制不规范、整体水平低等原因，物管费收缴率低，部分物业管理公司面临生存危机，难以投入足够的资金用于消防设施的维护和更新。此外，开发商或物业管理部门对此疏于管理，不按时维修、检测、保养，导致消防设施损坏丢失严重，无法正常使用。

5. 居民消防意识淡薄

居民消防意识的淡薄是当前社区消防安全面临的又一重大挑战。许多居民对消防安全知识了解不多，缺乏防火意识，这可能导致火灾的发生。例如，一些居民在装修过程中使用易燃可燃性材料，增加了家庭中的火灾隐患。同时，部分居民对火灾的严重性认识不足，认为公安消防队救火会收取高昂费用，导致在火情发生时没有及时拨打报警电话，延误救援时机。

二、社区消防挑战的深层原因

1. 基层应急能力薄弱

基层应急能力薄弱是制约社区消防安全管理的重要因素之一。由于省以下消防与应急之间并立，互不隶属，缺少统筹协调，应急与消防"国家统、地方分"的局面使大应急体系的基础不稳。尤其到基层，街乡、社区（村）不仅缺少综合性应急机构，也缺少消防基层队站的有效覆盖。这导致在应对突发事件时，基层应急能力难以迅速、有效地发挥作用。

2. 应急准备能力不足

高效的应急响应取决于充分的应急准备能力，而应急准备能力主要取决于应急预案管理和应急保障水平。目前，基层应急管理预案或多或少存在着针对性、操作性、实用性不强等问题。同时，应急资源与行政权力成正比，形成了一个"倒金字塔"型的结构，越到基层，越需要应急资源，但应急资源反倒越匮乏。这导致基层在应对突发事件时，往往力不从心，难以迅速、有效地控制事态发展。

3. 宣传教育力度不够

消防宣传教育是提高居民消防意识的重要途径，但当前许多社区的消防宣传教育力度明显不足。虽然一些社区拥有自己的消防安全宣传栏，有时会通过横幅以及宣传画等方式进行宣传，甚至不少地区还利用手机客户端、电视等媒介进行消防宣传，但这些宣传手段较为单一，宣传内容单调，难以形成良好的宣传效应。此外，对于消防宣传教育的总体规划缺乏相应的安排，消防安全宣传制度没有制定，导致宣传教育活动缺乏长效性。

三、社区消防挑战的应对策略

1. 建立健全消防安全管理制度

针对社区消防安全管理制度不健全的问题，应加强相关法律法规的宣传和普及，推动建立健全的社区消防安全管理制度。明确各个部门的职责和任务，确保消防安全管理工作有序进行。同时，加强对社区消防安全管理制度执行情况的监督检查，确保各项制度得到有效落实。

2. 提升消防设施水平

加大对社区消防设施的投入力度，对已经老化的设施进行更新改造，确保设备齐全、完好。同时，建立定期检查和维护制度，保证消防设施处于最佳状态。此外，鼓励居民家庭配备小型灭火器材，提高初起火灾的扑救能力。政府可以通过财政补贴、税收优惠等方式鼓励居民和企业参与消防设施建设和维护。

3. 畅通消防通道

加强对社区消防通道的管理和维护力度，确保消防通道畅通无阻。对于占用消防通道的行为要依法进行处罚和清理。同时，通过宣传教育等方式提高居民对消防通道重要性的认识，鼓励他们自觉遵守相关规定。此外，可以利用大数据等技术手段对消防通道进行实时监控和管理，及时发现并处理违规行为。

4. 加大物业管理经费支持

针对物业管理部门经费不足的问题，政府应加大对物业管理的经费支持力度。通过财政补贴、税收减免等方式帮助物业管理公司缓解经济压力，确保他们能够投入足够的资金用于消防设施的维护和更新。同时，加强对物业管理公司的监管力度，规范其运作机制和服务水平。

5. 提高居民消防意识

加强居民消防意识的培养和提高是保障社区消防安全的重要途径之一。通过开展消防安全宣传教育活动、组织消防演练等方式提高居民对消防知识的了解和掌握程度。同时，利用社区宣传栏、手机客户端、电视等媒介广泛宣传消防安全知识，形成全社会关注消防安全的良好氛围。此外，加强对重点人群（如老年人、儿童等）的消防安全教育和引导工作，提高他们的自救互救能力。

6. 完善应急准备能力

加强基层应急能力建设是提高应急准备能力的重要途径之一。通过建立综合性应急机构、加强应急队伍建设、完善应急预案管理和应急保障水平等措施提高基层应急能力。同时，加强对基层应急管理人员的培训和选拔工作提高他们的业务水平和应急处理能力。此外，建立健全的应急物资储备和救援装备配备制度确保基层在应对突发事件时能够迅速、有效地开展救援工作。

社区消防安全管理工作是一项长期而艰巨的任务需要各级政府、社区管理部门以及广大居民的共同努力和配合。通过建立健全的消防安全管理制度、提升消防设施水平、畅通消防通道、加大物业管理经费支持、提高居民消防意识以及完善应急准备能力等措施我们可以逐步解决当前社区消防面临的诸多挑战为构建安全和谐的社区环境作出贡献。

第七章

火灾典型案例警示分析

第一节 案例警示分析的重要性

火灾，这一城市安全领域的重大挑战，不仅因其突发性和破坏性而对社会经济造成重创，更因其直接关联到人民生命财产安全而显得尤为严峻。面对这一威胁，如何有效预防火灾、控制火势蔓延、高效救援并减少损失，成为了社会各界共同关注的焦点。在这一背景下，案例警示分析作为一种重要的学习与改进工具，其价值和意义不容忽视。

一、提升公众消防安全意识

公众消防意识的提升是预防火灾的第一道防线。通过对火灾典型案例进行深入剖析，可以直观展示火灾发生的原因、后果以及预防措施，使公众深刻理解火灾的危害性，从而在日常生活中自觉遵守消防安全规定，如不乱扔烟蒂、定期检查电器线路、不私拉乱接电线等。案例中的惨痛教训能够触动人心，激发公众自我保护的意识，形成"人人关心消防、人人参与消防"的良好氛围。

二、优化火灾防控策略

火灾防控策略的制定和完善，离不开对过往案例的深入研究。每个火灾事件都有其独特的成因、发展轨迹和救援难点，通过对这些细节的挖掘，可以发现现有防火措施中的不足和漏洞，如建筑设计缺陷、消防设施失效、应急预案不周全等。基于这些分析，相关部门可以针对性地调整和完善防火规范，比如加强特定区域的消防监管、提升建筑材料的耐火等级、优化消防通道布局等，从而构建起更加坚固的火灾防控体系。

三、提供实证基础，科学决策

案例警示分析为制定科学合理的防火规范和应急响应机制提供了宝贵的实证基础。通过对火灾案例中救援行动的复盘，可以评估不同救援策略的有效性，比如初期火灾扑救的重要性、人员疏散路径的合理规划、消防力量的快速调配等。这些经验教训有助于消防部门优化资源配置，提高应急响应速度和效率，确保在火灾发生时能够迅速有效地控制火情，最大限度地减少人员伤亡和财产损失。

四、增强重视，促进文化普及

案例警示分析还具有强大的社会动员能力，它能够引起政府、企业、社区乃至每个个体的高度重视，促使社会各界将消防安全纳入重要议事日程。通过媒体宣传、教育培训等多种形式，案例警示分析能够推动消防安全文化的普及，让"预防为主，防消结合"的理念深入人心。这种文化氛围的形成，有助于构建一个全方位、多层次的消防安全防护网，实现从源头上减少火灾风险的目标。

案例警示分析在提升公众消防安全意识、优化火灾防控策略、提供科学决策依据以及促进消防安全文化普及等方面发挥着不可替代的作用。它不仅是对过去灾难的深刻反思，更是对未来安全的积极构建。因此，加强火灾案例的收集、分析和传播，应成为消防工作的重要组成部分，为构建安全、和谐的城市环境贡献力量。

第二节 案例选择与分类

一、案例选择的原则

1. 代表性

所选案例应能代表某一类型或某一场景下的火灾特征，具有广泛的适用性。这意味着案例不仅要反映火灾的普遍规律，还要能够体现特定情境下的特殊问题，以便为后续的分析和策略制定提供有价值的参考。

2. 典型性

典型性要求案例具有鲜明的特点和深刻的教训，能够引起广泛的关注和讨论。这样的案例往往能够触动人心，激发公众和相关部门对消防安全的重视，从而推动相关政策的制定和执行。

3. 教育意义

案例应蕴含丰富的教育元素，能够用于培训、教学和宣传，提升公众的消防安全意识和自救互救能力。教育意义的实现，依赖于案例分析的深度和广度，以及案例本身所蕴含的知识点和启示。

二、案例分类体系

基于上述原则，本章将火灾案例分为以下四大类。

1. 住宅火灾

住宅是人们日常生活的主要场所，也是火灾多发区域。住宅火灾案例的选择，应重点关注电气火灾、厨房火灾、卧室火灾等常见类型，以及老年人、儿童等弱势群体的火灾风险。通过分析这些案例，可以揭示住宅火灾的成因、蔓延规律及预防措施，为居民提供实用的消防安全指南。

2. 商业建筑火灾

商业建筑如购物中心、酒店、餐厅等，由于人员密集、可燃物多，一旦发生火灾，后果往往十分严重。这类案例的选择，应着重考虑火灾的疏散难度、救援挑战及消防设施的有效性。通过分析，可以优化商业建筑的消防设计和管理，提高应急响应能力。

3. 工业火灾

工业火灾通常涉及危险化学品、大型设备或复杂工艺，其扑救难度大、风险高。在选择工业火灾案例时，应关注火灾的起火原因、蔓延途径及救援过程中的特殊问题，如化学品的处理、设备的冷却保护等。这些案例的分析，有助于完善工业企业的消防安全管理制度和应急预案。

4. 特殊类型火灾

除了上述三类外，还有一些特殊类型的火灾，如森林火灾、交通工具火灾、电气设备火灾等。这些火灾具有独特的成因和特征，需要单独进行分析。通过选择具有代表性的特殊类型火灾案例，可以揭示这类火灾的规律和防控难点，为相关领域的消防安全工作提供指导。

通过遵循代表性、典型性和教育意义的原则，并基于火灾发生的场所和性质进行分类，本章建立了一个全面且实用的火灾案例库。这个案例库不仅为火灾警示分析提供了丰富的素材，也为消防安全教育、政策制定和应急救援工作提供了有力的支持。未来，随着火灾案例的不断积累和分析技术的不断进步，这个案例库还将不断完善和更新，以更好地服务于消防安全事业。

第三节　住宅火灾案例分析

本节重点分析了几起典型住宅火灾案例，包括电气故障引发的火灾、厨房用火不慎导致的火灾以及居民自救能力不足造成的悲剧。通过详细剖析火灾起因、发展过程、救援措施及人员伤亡情况，强调了家庭消防安全教育、电气线路定期检查、厨房用火安全规范以及配备必要消防器材的重要性。

案例7-1：电气故障引发住宅火灾案例分析

时间与地点

时间：2023年5月15日凌晨2点30分。

地点：中国上海市闵行区某居民小区3号楼502室。

火灾起因

本次火灾的起因为502室客厅内一台老旧电视机的电气线路发生故障。该电视机已使用超过10年，内部线路老化严重，加之近期频繁出现画面闪烁、自动关机等现象，但住户未予重视，未及时进行维修或更换。事发当晚，电视机处于待机状态，由于线路短路产生高温，最终引燃了周围的可燃物，包括沙发和窗帘，从而引发了火灾。

发展过程

1. 初期阶段：火势从电视机周围开始蔓延，首先点燃了沙发和窗帘，产生大量烟雾。

2. 扩散阶段：随着火势的增大，烟雾迅速充满整个客厅，并沿着走廊向其他房间扩散。同时，火舌舔舐到天花板，导致部分吊顶材料燃烧，火势进一步加剧。

3. 猛烈燃烧阶段：火势迅速失控，整个502室被熊熊烈火包围，窗户玻璃在高温下破裂，火势开始向室外蔓延，威胁到相邻住户的安全。

4. 救援介入：邻居发现火情后立即报警，消防部门接到报警后迅速出动，于凌晨2点45分到达现场，展开灭火救援行动。

救援措施

1.疏散群众：消防救援人员首先疏散了楼内居民，确保人员安全。

2.灭火作业：消防队员使用水枪和泡沫灭火器对火源进行喷射，同时利用云梯从外部对火势进行压制。

3.搜救被困人员：在确认火势得到初步控制后，消防队员进入室内搜救，幸运的是，502室住户在火灾初期已自行逃生，无人员伤亡。

4.通风排烟：火势完全扑灭后，消防人员使用排烟设备清除室内烟雾，为后续调查提供条件。

人员伤亡情况

本次火灾未造成人员伤亡，但502室住户及部分邻居因吸入烟雾出现轻微不适，被送往医院接受观察治疗，后均恢复良好。

教训与启示

1.家庭消防安全教育：加强家庭成员的消防安全意识，了解基本的火灾预防和自救知识，是预防火灾、减少损失的关键。

2.电气线路定期检查：定期对家中的电气线路和电器设备进行检查，及时更换老化、损坏的线路和设备，避免电气故障引发火灾。

3.厨房用火安全规范：虽然本次火灾非厨房用火所致，但厨房作为家庭火灾的高发区域，也应严格遵守用火安全规范，确保厨房安全。

4.配备必要消防器材：家中应配备灭火器、烟雾报警器等消防器材，并定期检查其完好性，确保在火灾发生时能够迅速有效地进行初期扑救和报警。

本次火灾案例再次提醒我们，消防安全无小事，每一个细节都关乎生命财产安全。只有加强预防、提高警惕、做好准备，才能有效应对火灾等突发事件，保护自己和家人的安全。

案例7-2：厨房用火不慎导致火灾案例分析

时间与地点

时间：2024年3月20日晚上8点15分。

地点：北京市海淀区某住宅小区10号楼2单元601室。

火灾起因

本次火灾的起因为601室厨房内烹饪时用火不慎。当时，住户张女士正在厨房准备晚餐，由于忙于其他事务，她暂时离开了灶台，而灶台上的油锅仍在加热中。不幸的是，张女士忘记关闭燃气灶，导致油锅内的油温过高，最终引发火灾。起初，火焰仅限于油锅内，但很快蔓延至周围的厨房用品，如抹布、木质橱柜等，火势迅速扩大。

发展过程

1.初期阶段：火焰从油锅中窜出，点燃了附近的易燃物，如厨房内放置的纸巾和抹布，产生大量烟雾。

2.扩散阶段：火势迅速蔓延至厨房的木质橱柜和电器设备，如微波炉和冰箱，加剧了火势的扩散。

3.猛烈燃烧阶段：随着火势的加剧，厨房内的烟雾和火焰开始向客厅和其他房间蔓延，威胁到整个住宅的安全。

4.救援介入：邻居发现火情后立即报警，消防部门于晚上8点25分接到报警，并迅速出动消防车和救援人员前往现场。

救援措施

1.疏散群众：消防救援人员首先疏散了楼内居民，确保人员安全，并设置了警戒线防止无关人员进入危险区域。

2.灭火作业：消防队员使用水枪对火源进行喷射，同时利用泡沫灭火器对火势进行压制，防止火势进一步蔓延。

3.搜救被困人员：在确认火势得到初步控制后，消防队员进入室内搜救。幸运的是，张女士在火灾初期已自行逃生至安全区域，无人员伤亡。

4.通风排烟：火势完全扑灭后，消防人员使用排烟设备清除室内烟雾，为后续调查提供条件。

人员伤亡情况

本次火灾未造成人员伤亡，但张女士因吸入烟雾出现轻微不适，被送往医院接受观察治疗，后恢复良好。厨房内的部分家具和电器设备被烧毁，造成了一定的财产损失。

教训与启示

1.家庭消防安全教育：加强家庭成员的消防安全意识至关重要。张女士的疏忽导致了这次火灾，提醒我们要时刻保持警惕，不要离开正在加热的灶台。

2.电气线路定期检查：虽然本次火灾非电气线路故障所致，但定期检查电气线路和电器设备的安全性仍然是预防火灾的重要措施。

3.厨房用火安全规范：严格遵守厨房用火安全规范，如不要离开正在加热的灶台、使用防火材质的厨房用品等，是预防厨房火灾的关键。

4.配备必要消防器材：家中应配备灭火器、烟雾报警器等消防器材，并确保其处于良好状态。在本次火灾中，如果张女士家中备有灭火器，她或许能够在火灾初期就将其扑灭。

本次厨房火灾案例再次提醒我们，消防安全无小事，特别是在厨房这个家庭火灾的高发区域。只有加强预防、提高警惕、做好准备，才能有效应对火灾等突发事件，保护自己和家人的安全。

案例7-3：居民安全意识不足导致火灾案例分析

2024年2月23日4时39分，江苏省南京市消防救援支队指挥中心接到报警，南京市雨花台区明尚西苑6栋发生火灾。支队立即调派20多台消防车赶赴现场处置，约6时许明火被扑灭。这起火灾事故共造成15人遇难，44人在院治疗。同时，在5家酒店安排229个房间，合计安置受影响群众516人。

经初步分析，火灾为6栋建筑地面架空层停放电动自行车处起火所引发。造成人员伤亡与财产损失较大的原因：

1.火灾发生在凌晨，人们处于深睡眠状态，对外界感知较迟钝；

2.架空层直接连通天井形成烟囱效应，使火情迅速向上蔓延；

3.部分业主在天井堆放的杂物被点燃，引起局部猛烈燃烧，又通过窗户引发室内火灾；

4.建筑内部的常闭式防火门未能有效阻隔烟气蔓延，使火和烟气通过架空层门厅直接进入楼梯间，造成伤亡扩大。

事故发生后，相关的保险公司高度重视，坚持"人民至上、生命至上"原则，总分联动、产寿协同，第一时间启动突发事件应急响应机制，开通理赔绿色通道，同时推出7*24小时受理报案咨询、简化理赔资料、取消定点医院及费用限制等八项服务举措。

案例7-4：上海静安区"11·15"高层住宅特大火灾事故

2010年11月15日14时，上海余姚路胶州路一栋高层公寓起火。公寓内住着不少退休教师，起火点位于10-12层之间，整栋楼都被大火包围着，大火已导致58人遇难，另有70余人住院接受治疗。

公寓高28层，建筑面积17965平方米，其中底层为商场，2~4层为办公，5~28层为住宅。

事故的直接原因：在胶州路728号公寓大楼节能综合改造项目施工过程中，施工人员违规在10层电梯前室北窗外进行电焊作业，电焊溅落的金属熔融物引燃下方9层位置脚手架防护平台上堆积的聚氨酯保温材料碎块、碎屑引发火灾。

这起事故暴露出5个方面的问题：电焊工无特种作业人员资格证，严重违反操作规程，引发大火后逃离现场；装修工程违法违规，层层多次分包，导致安全责任不落实；施工作业现场管理混乱，安全措施不落实，存在明显的抢工期、抢进度、突击施工的行为；事故现场违规使用大量尼龙网、聚氨酯泡沫等易燃材料，导致大火迅速蔓延；有关部门安全监管不力，致使多次分包、多家作业和无证电焊工上岗，对停产后复工的项目安全管理不到位。

依照有关规定，对54名事故责任人作出严肃处理，其中26名责任人被移送司法机关依法追究刑事责任，28名责任人受到党纪、政纪处分。在28名受到党纪、政纪处分的责任人中，包括企业人员7名，国家工作人员21名，其中省（部）级干部1人，厅（局）级干部6人，县（处）级干部6人，处以下干部8人。

上海保监局统计数据显示，该火灾理赔共涉及9家财险公司、34件案件。其中，社区综合责任险1件，保额500万元；家财险7件，保额142.66万元；房贷险9件，保额828.11万元；抵押物保险1件，保额90万元；财产险1件，保额87万元；车险15件，保额待查。此外，15家寿险及养老险公司确认保险客户13人身故，保额合计240.67万元，受伤客户26人。

上海"11·15"特大火灾发生后，保险行业快速反应，上海保监局在事故现场附近的静安区少体校事故处理中心设立专门的保险理赔受理点，并派驻24小时值班人员，接受市民的咨询和报案。各家保险公司纷纷启动紧急预案，第一时间确认核实客户信息，投入灾后理赔工作。针对以上情况，各公司全面启动理赔绿色通道，确保保户利益得到有效保障。

第四节　商业建筑火灾案例分析

商业建筑因其人员密集、结构复杂、易燃物多等特点，成为火灾高风险区域。本节选取了几起大型商场、酒店及娱乐场所的火灾案例，分析了违规装修、消防设施失效、疏散指示不明等问题对火灾后果的影响。强调了商业建筑应严格执行消防安全标准、加强员工培训、定期举行消防演练的必要性。

案例7-5：违规装修造成商业建筑火灾案例分析

时间与地点

时间：2024年6月5日下午2点10分。

地点：深圳市南山区某购物中心三层一家正在装修的餐厅。

火灾起因

本次火灾的起因为餐厅违规装修过程中，施工工人未经许可擅自使用明火进行焊接作业，且未采取任何防火保护措施。焊接产生的高温火花溅落到附近的易燃装修材料上，瞬间引燃了材料，导致火灾发生。

发展过程

1.初期阶段：火势从焊接点附近开始，迅速蔓延至周围的装修材料和未完成的木质隔断，产生大量浓烟。

2.扩散阶段：由于购物中心内人流密集，且该餐厅位于三层，火势和烟雾很快通过通风系统向其他楼层和区域扩散，引发恐慌。

3.猛烈燃烧阶段：火势迅速失控，整个餐厅被火焰吞噬，并威胁到相邻商铺的安全。此时，购物中心内的消防警报响起，但部分顾客和员工因慌乱而未能及时疏散。

4.救援介入：购物中心安保人员立即启动紧急疏散程序，并拨打119报警。消防部门于下午2点15分接到报警，迅速出动多辆消防车和救援人员前往现场。

救援措施

1.疏散群众：消防人员首先疏散购物中心内的顾客和员工，确保人员安全，并设置警戒线防止无关人员进入危险区域。

2.灭火作业：消防队员使用水枪和泡沫灭火器对火源进行喷射，同时利用云梯从外部对火势进行压制，防止火势蔓延至其他楼层。

3.搜救被困人员：在火势得到初步控制后，消防队员进入室内搜救被困人员。幸运的是，由于疏散及时，未造成人员伤亡。

4.通风排烟：火势完全扑灭后，消防人员使用排烟设备清除室内烟雾，为后续调查提供条件。

人员伤亡情况

本次火灾未造成人员伤亡，但餐厅内的装修材料和部分设备被严重烧毁，购物中心也因火灾而暂时关闭，造成较大的经济损失。

教训与启示

1.家庭（及商业场所）消防安全教育：虽然本次火灾发生在商业建筑内，但家庭和商业场所的消防安全教育同样重要。应定期组织消防安全培训，提高员工和居民的消防安全意识和自救互救能力。

2.电气线路定期检查：商业场所应定期对电气线路和电器设备进行检查和维护，确保其处于良好状态。同时，应严禁违规使用明火和电器设备。

3.厨房（及施工区域）用火安全规范：厨房和商业场所的施工区域是火灾的高发区域。应严格遵守用火安全规范，确保用火、用电安全。施工区域应设置明显的防火标志和灭火器材。

4.配备必要消防器材：商业场所应配备足够的消防器材，如灭火器、消防栓、烟雾报警器等，并确保其处于良好状态。同时，应定期组织消防演练，提高员工和居民的应急反应能力。

本次火灾案例再次提醒我们，违规装修和明火使用是引发商业建筑火灾的重要原因之一。只有加强消防安全教育、定期检查电气线路、遵守用火安全规范以及配备必要的消防器材，才能有效预防火灾事故的发生，保护人员生命财产安全。

案例7-6：厨房操作造成商业建筑火灾案例分析

时间与地点

时间：2023年9月18日晚上9点30分。

地点：上海市闵行区某大型购物中心四层一家餐饮店。

火灾起因

本次火灾的起因为餐饮店厨房内油锅起火,原本应迅速启动的自动喷水灭火系统因年久失修而失效,未能及时扑灭火源。起初,厨师尝试使用手边的灭火器进行扑救,但由于灭火器也未按期检查维护,无法正常使用,导致火势迅速蔓延。

发展过程

1. 初期阶段:油锅起火后,火焰迅速引燃了厨房内的油烟管道和周边可燃物,产生大量浓烟。

2. 扩散阶段:由于自动喷水灭火系统失效,火势未得到及时控制,迅速向餐饮店其他区域及相邻商铺扩散。同时,购物中心内的消防警报系统虽然响起,但部分区域因烟雾弥漫,顾客和员工难以辨清方向,疏散困难。

3. 猛烈燃烧阶段:火势迅速扩大,整个四层被火焰和烟雾笼罩,部分区域发生坍塌,严重威胁到购物中心内人员的生命安全。

4. 救援介入:购物中心安保人员立即启动紧急疏散程序,并拨打119报警。消防部门于晚上9点35分接到报警,迅速出动多辆消防车和救援人员前往现场。

救援措施

1. 疏散群众:消防人员首先利用广播系统引导购物中心内的顾客和员工向安全出口疏散,同时设置警戒线防止无关人员进入危险区域。

2. 灭火作业:消防队员使用水枪和泡沫灭火器对火源进行喷射,但由于火势猛烈,救援难度较大。经过长时间的奋战,火势最终得到控制。

3. 搜救被困人员:在火势得到初步控制后,消防队员进入室内搜救被困人员。遗憾的是,由于火势过大,造成部分人员伤亡。

4. 通风排烟:火势完全扑灭后,消防人员使用排烟设备清除室内烟雾,为后续调查和重建工作提供条件。

人员伤亡情况

本次火灾造成5人死亡,12人受伤,其中部分伤者为吸入性损伤和烧伤。购物中心内的多家商铺被烧毁,造成巨大的经济损失。

教训与启示

1. 加强消防安全教育:加强商业场所员工的消防安全教育至关重要。员工应熟悉消防设施的使用方法,了解火灾应急预案,以便在火灾发生时能够迅速反应,有效疏散和自救。

2.电气线路定期检查：商业场所应定期对电气线路和电器设备进行检查和维护，确保其处于良好状态。同时，应严禁违规使用电器设备和明火。

3.厨房用火安全规范：厨房是商业场所火灾的高发区域。应严格遵守厨房用火安全规范，确保用火、用电安全。同时，应定期清洗油烟管道和检查厨房内的消防设施。

4.配备必要消防器材并定期维护：商业场所应配备足够的消防器材，如灭火器、消防栓、自动喷水灭火系统等，并确保其处于良好状态。同时，应定期对消防设施进行检查和维护，确保其能够在火灾发生时正常发挥作用。

本次火灾案例再次提醒我们，消防设施失效是引发商业建筑火灾严重后果的重要原因之一。只有加强消防安全教育、定期检查电气线路和消防设施、遵守用火安全规范以及配备必要的消防器材并定期维护，才能有效预防火灾事故的发生，减少人员伤亡和财产损失。

案例7-7：电气故障造成商业建筑火灾案例分析

2018年8月25日4时12分许，黑龙江省哈尔滨市松北区哈尔滨北龙汤泉休闲酒店有限公司（北龙汤泉酒店）发生重大火灾事故，过火面积约400平方米，造成20人死亡，23人受伤，直接经济损失2504.8万元。

经现场勘察、调查取证和技术鉴定，查明哈尔滨"8·25"火灾事故起火时间为8月25日4时12分许，起火部位为哈尔滨北龙汤泉休闲酒店有限公司二期温泉区二层平台靠近西墙北侧顶棚悬挂的风机盘管机组处，起火原因是风机盘管机组电气线路短路形成高温电弧，引燃周围塑料绿植装饰材料并蔓延成灾。

火灾烟气通过没有关闭的防火门迅速扩散。火灾发生前一天，北龙汤泉酒店三层客房领班张磊使用灭火器箱挡住E区三层常闭式防火门，使其始终处于敞开状态。因此，火灾烟气迅速通过敞开的防火门进入E区三层客房走廊，短时间内充满整个走廊并渗入房间，封死逃生路线，并导致多人中毒死亡。

张磊。女，北龙汤泉酒店三层客房领班。事故发生前，她使用灭火器箱将E区三层常闭式防火门挡住，使其处于敞开状态，且未及时关闭……涉嫌重大责任事故罪，被取保候审。

吕永胜。男，北龙汤泉酒店事故发生当日值班消控员，事故发生前夜查时，发现E区三层常闭式防火门处于敞开状态，但未采取任何措施……因涉嫌重大责任事故罪，被松北区检察院批准逮捕。

北龙汤泉酒店实际控制人、实际出资人、时任燕达宾馆董事长、总经理李艳滨与北龙汤泉酒店法定代表人张伟平涉嫌消防责任事故罪，被松北区检察院批准逮捕。这起火灾事故共有20人涉嫌刑事犯罪被追究刑事责任或被建议移送司法机关，另有多人被给予不同程度党纪、政务处分和组织处理。

案例7-8：富洋烧烤店"6·21"特别重大燃气爆炸事故

2023年6月21日20时40分许，宁夏回族自治区银川市兴庆区富洋烧烤民族街店操作间液化石油气（液化气罐）泄漏引发爆炸，造成31人死亡，7人受伤，直接经济损失5114.5万元。

经查，烧烤店总店长海某（已死亡）、工作人员李某翔（已死亡）违反有关安全管理规定，擅自更换与液化气罐相连接的减压阀，导致液化气罐中液化气快速泄漏，引发爆炸，造成31人死亡、7人受伤的特别严重后果。

富洋烧烤店实际控制人张洪显、宁夏龙江清洁能源有限公司法定代表人张晓东、宁夏铂澜能源有限公司法定代表人马金礼和宁夏国华检测技术有限公司法定代表人周志国等15人涉嫌重大责任事故罪，被公安机关立案侦查。

事故调查组查明，事故直接原因是液化石油气配送企业违规向烧烤店配送有气相阀和液相阀的"双嘴瓶"，店员误将气相阀调压器接到液相阀上，使用发现异常后擅自拆卸安装调压器造成液化石油气泄漏，处置时又误将阀门反向开大，导致大量泄漏喷出，与空气混合达到爆炸极限，遇厨房内明火发生爆炸进而起火。由于没有组织疏散、唯一楼梯通道被炸毁的隔墙严重堵塞、二楼临街窗户被封堵并被锚固焊接的钢制广告牌完全阻挡，严重影响人员逃生，导致伤亡扩大。

据初步确认，伤亡人员名单中共有22人在13家保险机构投保含有意外伤害、意外伤害医疗、住院医疗、身故等保险责任的保险，事故所涉烧烤店还投保了相关财产保险，预估保险赔付金额超1400万元。

第五节 工业火灾案例分析

工业火灾往往涉及化学危险品、大型机械设备等，救援难度大，影响范围广。本节通过分析化工厂爆炸、仓储物流火灾等案例，揭示了生产安全管理漏洞、违规操作、应急预案缺失等问题。强调了工业企业应建立健全安全生产责任制、加强危险源监控、提高应急处置能力的紧迫性。

案例7-9：生产安全管理漏洞造成工业火灾案例分析

时间与地点

时间：2020年5月20日上午10点15分。

地点：江苏省苏州市工业园区某化工企业生产车间。

火灾起因

本次火灾的起因为该化工企业生产车间内的一处电气线路老化，加之生产安全管理存在严重漏洞，未定期对电气线路进行检查和维护。当天上午，由于生产线超负荷运行，老化的电气线路不堪重负，产生短路并引发火花，点燃了附近堆放的易燃化学原料，从而导致火灾发生。

发展过程

1. 初期阶段：电气线路短路后，火花瞬间引燃了附近的易燃化学原料，火势迅速蔓延，产生大量浓烟和有毒气体。

2. 扩散阶段：由于车间内通风不畅，且未设置有效的防火分隔，火势和烟雾迅速向整个车间扩散，并威胁到相邻区域的安全。

3. 猛烈燃烧阶段：火势迅速失控，整个车间被火焰和烟雾笼罩，部分区域发生爆炸，严重威胁到员工的生命安全。

4. 救援介入：企业安保人员立即启动紧急疏散程序，并拨打119报警。消防部门于上午10点20分接到报警，迅速出动多辆消防车和救援人员前往现场。

救援措施

1. 疏散群众：消防人员首先利用广播系统引导车间内的员工向安全出口疏散，

同时设置警戒线防止无关人员进入危险区域。

2.灭火作业：消防队员穿戴防化服，使用水枪和泡沫灭火器对火源进行喷射，但由于火势猛烈且伴有爆炸，救援难度较大。经过长时间的奋战，火势最终得到控制。

3.搜救被困人员：在火势得到初步控制后，消防队员进入车间搜救被困员工。遗憾的是，由于火势过大且有毒气体弥漫，造成部分人员伤亡。

4.环境监测与清理：火势扑灭后，消防和环保部门对现场进行环境监测，确保无有毒气体泄漏，并对现场进行清理。

人员伤亡情况

本次火灾造成8人死亡，15人受伤，其中部分伤者为烧伤和吸入有毒气体导致的中毒。车间内的生产设备和大量原料被烧毁，造成巨大的经济损失。

教训与启示

1.加强生产安全管理：企业应建立健全生产安全管理制度，定期对电气线路、生产设备进行检查和维护，确保生产安全。

2.家庭（及企业）消防安全教育：加强企业员工的消防安全教育，提高员工的消防安全意识和自救互救能力。同时，家庭也应重视消防安全教育，以防火灾事故的发生。

3.电气线路定期检查：企业应定期对电气线路进行检查和维护，及时更换老化的线路和设备，防止因电气线路故障引发火灾。

4.配备必要消防器材：企业应根据生产特点和火灾风险等级，配备足够的消防器材，如灭火器、消防栓、防火门等，并确保其处于良好状态。

5.厨房（及化工车间）用火安全规范：虽然本次火灾非厨房用火所致，但化工车间等易燃易爆场所更应严格遵守用火安全规范，确保用火、用电安全。

本次火灾案例再次提醒我们，生产安全管理漏洞是引发工业火灾严重后果的重要原因之一。只有加强生产安全管理、定期检查电气线路和消防设施、配备必要的消防器材并加强员工消防安全教育，才能有效预防火灾事故的发生，减少人员伤亡和财产损失。同时，家庭也应重视消防安全教育，共同营造安全的生活环境。

案例7-10：违规操作造成工业火灾案例分析

时间与地点

时间：2020年3月15日下午3点45分。

地点：山东省青岛市经济技术开发区某金属制品加工厂。

火灾起因

本次火灾的起因为加工厂内一名工人在未经许可和未采取任何防火措施的情况下，违规使用明火对金属部件进行切割作业。由于作业区域附近堆放了大量易燃的润滑油和金属碎屑，明火迅速引燃了这些可燃物，从而导致了火灾的发生。

发展过程

1. 初期阶段：明火引燃润滑油和金属碎屑后，火势迅速蔓延，产生大量浓烟和有毒气体。

2. 扩散阶段：由于加工厂内通风不良，且未设置有效的防火分隔，火势和烟雾迅速向整个车间扩散，并威胁到相邻区域的安全。

3. 猛烈燃烧阶段：火势迅速失控，整个加工厂被火焰和烟雾笼罩，部分区域因高温发生结构变形，严重威胁到员工的生命安全。

4. 救援介入：加工厂安保人员立即启动紧急疏散程序，并拨打119报警。消防部门于下午3点50分接到报警，迅速出动多辆消防车和救援人员前往现场。

救援措施

1. 疏散群众：消防人员首先利用广播系统引导加工厂内的员工向安全出口疏散，同时设置警戒线防止无关人员进入危险区域。

2. 灭火作业：消防队员穿戴防护装备，使用水枪和泡沫灭火器对火源进行喷射，但由于火势猛烈且伴有有毒气体，救援难度较大。经过长时间的奋战，火势最终得到控制。

3. 搜救被困人员：在火势得到初步控制后，消防队员进入加工厂搜救被困员工。遗憾的是，由于火势过大且有毒气体弥漫，造成部分人员伤亡。

4. 环境监测与清理：火势扑灭后，消防和环保部门对现场进行环境监测，确保无有毒气体泄漏，并对现场进行清理。

人员伤亡情况

本次火灾造成6人死亡，13人受伤，其中部分伤者为烧伤和吸入有毒气体导致的中毒。加工厂内的生产设备和大量原材料被烧毁，造成巨大的经济损失。

教训与启示

1.严格遵守操作规程：加工厂应制定严格的操作规程，并要求员工严格遵守。对于违规操作行为，应给予严厉的处罚，以防止类似火灾事故的发生。

2.家庭（及企业）消防安全教育：加强企业员工的消防安全教育，提高员工的消防安全意识和自救互救能力。同时，家庭也应重视消防安全教育，以防火灾事故的发生。

3.电气线路定期检查：虽然本次火灾非电气线路故障所致，但加工厂仍应定期对电气线路进行检查和维护，确保电气安全。

4.厨房（及工业场所）用火安全规范：虽然本次火灾发生在工业场所，但厨房等家庭用火区域也应严格遵守用火安全规范，确保用火、用电安全。

5.配备必要消防器材：加工厂应根据生产特点和火灾风险等级，配备足够的消防器材，如灭火器、消防栓、防火门等，并确保其处于良好状态。同时，应定期对消防器材进行检查和维护，确保其能够在火灾发生时正常发挥作用。

本次火灾案例再次提醒我们，违规操作是引发工业火灾严重后果的重要原因之一。只有严格遵守操作规程、加强消防安全教育、定期检查电气线路和消防设施、配备必要的消防器材并加强员工培训，才能有效预防火灾事故的发生，减少人员伤亡和财产损失。同时，家庭也应重视消防安全教育，共同营造安全的生活环境。

案例7-11：应急预案缺失造成工业火灾案例分析

时间与地点

时间：2015年3月31日22时30分。

地点：浙江省宁波市北仑区某塑料制品厂。

火灾起因

本次火灾的起因为塑料制品厂注塑车间内的一台注塑机因长时间超负荷运行，导致内部电路过热引发故障，进而产生火花点燃了附近的塑料原料。由于该厂未制定有效的火灾应急预案，员工在火灾初期未能迅速采取正确的应对措施，导致火势迅速蔓延。

发展过程

1.初期阶段：注塑机内部电路故障产生火花，瞬间引燃了附近的塑料原料，火势迅速扩大，产生大量浓烟和有毒气体。

2.扩散阶段：由于车间内未设置有效的防火分隔，且通风不良，火势和烟雾迅速向整个车间扩散，并威胁到相邻区域和办公楼的安全。

3.猛烈燃烧阶段：火势迅速失控，整个塑料制品厂被火焰和烟雾笼罩，部分区域因高温发生坍塌，严重威胁到员工的生命安全。

4.救援介入：由于缺乏有效的应急预案，火灾发生后，员工未能及时报警和疏散，导致救援行动延误。消防部门于凌晨2点25分接到报警后，迅速出动多辆消防车和救援人员前往现场。

救援措施

1.疏散群众：消防人员到达现场后，立即组织疏散被困员工，并设置警戒线防止无关人员进入危险区域。

2.灭火作业：消防队员穿戴防护装备，使用水枪和泡沫灭火器对火源进行喷射，但由于火势猛烈且伴有有毒气体，救援难度较大。经过长时间的奋战，火势最终得到控制。

3.搜救被困人员：在火势得到初步控制后，消防队员进入塑料制品厂搜救被困员工。遗憾的是，由于火势过大且救援行动延误，造成部分人员伤亡。

4.环境监测与清理：火势扑灭后，消防和环保部门对现场进行环境监测，确保无有毒气体泄漏，并对现场进行清理。

人员伤亡情况

本次火灾造成9人死亡，17人受伤，其中部分伤者为烧伤和吸入有毒气体导致的中毒。塑料制品厂内的生产设备和大量原材料被烧毁，造成巨大的经济损失。

教训与启示

1.制定有效的应急预案：企业应制定详细、可行的火灾应急预案，并定期组织员工进行演练，确保员工在火灾发生时能够迅速、正确地采取应对措施。

2.家庭（及企业）消防安全教育：加强企业员工的消防安全教育，提高员工的消防安全意识和自救互救能力。同时，家庭也应重视消防安全教育，以防火灾事故的发生。

3.电气线路定期检查：企业应定期对电气线路进行检查和维护，确保电气安全，防止因电路故障引发火灾。

4.厨房（及工业场所）用火安全规范：虽然本次火灾发生在工业场所，但厨房等家庭用火区域也应严格遵守用火安全规范,确保用火、用电安全。

5.配备必要消防器材:企业应根据生产特点和火灾风险等级,配备足够的消防器材,并确保其处于良好状态。同时,应定期对消防器材进行检查和维护,确保其能够在火灾发生时正常发挥作用。

本次火灾案例再次提醒我们,应急预案的缺失是引发工业火灾严重后果的重要原因之一。只有制定有效的应急预案、加强消防安全教育、定期检查电气线路和消防设施、配备必要的消防器材并加强员工培训,才能有效预防火灾事故的发生,减少人员伤亡和财产损失。同时,家庭也应重视消防安全教育,共同营造安全的生活环境。

第六节　特殊类型火灾案例分析

本节聚焦于医院、学校、交通工具火灾（如飞机、列车）、港口、储能电站及地下空间火灾等特殊类型火灾，分析了其自然条件限制、救援难度大等特点。通过案例，强调加强监测预警系统建设、提高专业救援队伍能力、普及公众自救互救知识的重要性。

案例7-12："4·18"北京长峰医院火灾

时间与地点

时间：2023年4月18日12时57分。

地点：北京市丰台区靛厂新村291号北京长峰医院住院部东楼。

火灾起因

根据事故调查报告及官方通报，火灾的直接原因如下。

违规交叉作业：北京长峰医院改造工程施工现场，施工单位违规进行自流平地面施工和门框安装切割交叉作业。

易燃易爆气体爆燃：环氧树脂底涂材料中的易燃易爆成分挥发、形成爆炸性气体混合物，遇角磨机切割金属净化板产生的火花发生爆燃。

发展过程

火灾的发展过程可以归纳为以下几点。

初期爆燃：由于违规交叉作业和易燃易爆气体的存在，火灾初期即发生了爆燃。

火势蔓延：爆燃引燃现场可燃物，产生的明火及高温烟气引燃楼内木质装修材料，部分防火分隔未发挥作用，固定消防设施失效，导致火势迅速扩大。

烟气蔓延：部分管道竖井未进行防火封堵且未设置防火门，部分楼梯间防火门闭门器损坏或未保持关闭状态，导致烟气蔓延扩散。

救援措施

火灾发生后，相关部门迅速采取了以下救援措施。

紧急响应：消防、公安、卫健、应急等部门即赴现场处置。

医疗救援：卫健部门共调集调配29辆救护车300余人次急救力量，及时赶赴现场，全力开展医疗救援和转运工作。

人员疏散：消防救援人员利用云梯、拉梯、连廊和建筑室外平台，在建筑外部搭设多条临时救生通道，同时利用建筑内部疏散楼梯，深入火场，快速组织对各楼层各房间开展人员疏散。

人员伤亡情况

遇难人数：火灾造成29人死亡，包括26名住院患者、1名护士、1名护工和1名患者家属。

受伤人数：42人受伤。

直接经济损失：3831.82万元。

教训与启示

北京长峰医院院长王某玲、副院长汪某、总务科主任王某阳、现场施工人员程某君、中源信诚（北京）建筑装饰有限公司法定代表人王某峰等20人，涉嫌重大责任事故罪，被公安机关依法刑事拘留，案件正在进一步工作中。长峰医院火灾给我们带来了深刻的教训和启示。

加强施工安全管理：施工单位必须严格遵守安全规定，避免违规交叉作业和动火作业，确保施工现场的安全。

提升消防设施效能：医院等公共场所应确保消防设施完好有效，定期进行维护和检查，以便在火灾发生时能够迅速控制火势。

强化应急准备与处置：医院应制定完善的应急预案，并定期组织演练，确保在火灾等突发事件发生时能够迅速、有效地进行应对。

落实安全生产责任：地方党委政府和有关部门应切实扛起防范化解重大风险政治责任，加强对医疗机构等公共场所的安全监管，确保安全生产各项措施落到实处。

加强安全教育和培训：提高员工和公众的安全意识，加强安全教育和培训，确保每个人都能够了解火灾的危害和防范措施。

综上所述，丰台长峰医院火灾是一起严重的生产安全责任事故，它提醒我们必须高度重视安全生产工作，加强安全管理和监管力度，确保人民群众的生命财产安全。

案例7-13：上海某学院"11.14"火灾

时间与地点

时间：2008年11月14日早晨6时10分左右。

地点：上海某学院徐汇校区一学生宿舍楼。

火灾起因

根据官方通报及多方报道，火灾的起因是：

使用"热得快"不当：事发前一晚，602室女生曾用"热得快"烧水，晚上11时宿舍断电后，6人均忘记将插头拔掉。次日清晨6时恢复供电后，"热得快"开始自行加热，10分钟后，高温引发了电器故障，迸发出的火星不巧落在了女生们晾挂的衣物上，最终酿成事故。

发展过程

火灾的发展过程大致如下。

初期起火：由于"热得快"引发电器故障，火星引燃了周围可燃物，火灾初期在宿舍内部开始蔓延。

火势扩大：火势迅速扩大，由于宿舍内堆放了被子、蚊帐、衣物等易燃物，火势很快失控。

人员被困：宿舍内的6名女生被火势和浓烟困住，其中4名女生在绝望中选择了从6楼宿舍阳台跳楼逃生。

救援措施

火灾发生后，相关部门迅速采取了以下救援措施。

报警与响应：火灾发生后，有人立即报警，上海市公安局110指挥中心迅速派员前往处置。

灭火救援：消防队员赶到现场后，立即展开灭火和救援行动，但遗憾的是，4名女生在消防队员赶到之前已经跳楼身亡。

善后处理：校方与遇难学生家长正在协商处理善后事宜，同时加强了对校园安全的检查和整改。

人员伤亡情况

遇难人数：4名女生在火灾中死亡，她们是上海某学院流通经济学院大三的学生。

受伤人数：无其他学生受伤。

教训与启示

上海某学院火灾给我们带来了深刻的教训和启示。

加强宿舍安全管理：学校应严禁学生在宿舍内使用违章电器，如"热得快"等，并加强日常检查和监管力度。

提高安全意识：学生应增强安全意识，了解火灾的危害和防范措施，学会在火灾中自救和互救。

完善消防设施：学校应确保宿舍楼内的消防设施完好有效，如消防栓、自动喷淋器等，并定期进行检查和维护。

加强应急演练：学校应定期组织消防演练等应急演练活动，提高学生的应急反应能力和自救互救能力。

强化责任追究：对于因管理不善导致火灾事故发生的责任人，应依法追究其法律责任。

上海某学院火灾是一起令人痛心的悲剧，它提醒我们必须高度重视校园安全问题，加强安全管理、提高安全意识、完善消防设施、加强应急演练并强化责任追究力度。

案例7-14：北京市丰台区储能电站火灾事故

2021年4月16日12时17分，北京市丰台区南四环永外大红门西马厂甲14号院内北京某储充技术有限公司储能电站施工调试过程中起火，经消防部门奋力扑救，23时40分，明火被彻底扑灭。

14时15分许，在对电站南区进行处置过程中，电站北区在毫无征兆的情况下突发爆炸，导致2名消防员牺牲，电站内1名员工死亡。

事故的直接原因：南楼起火直接原因是项目西电池间内的磷酸铁锂电池发生内短路故障，引发电池热失控起火。北楼爆炸直接原因为南楼电池间内的单体磷酸铁锂电池发生内短路故障，引发电池及电池模组热失控扩散起火，事故产生的易燃易爆组分通过电缆沟进入北楼储能室并扩散，与空气混合形成爆炸性气体，遇电气火花发生爆炸。

此次火灾直接财产损失为1660.81万元。根据事故追责处理建议，负责项目投资建设以及光伏、储能、充电设施等设备采购及安装的业主单位——福威斯油气公司法定代表人、后勤主管、运营与维护岗员工，对事故发生负有直接责任，涉嫌重大责任事故罪，被丰台区人民检察院批准逮捕。

一、共性问题

1. 消防安全意识淡薄

在许多火灾案例中,无论是家庭、企业还是公共场所,都普遍存在消防安全意识淡薄的问题。人们往往对火灾的危害性认识不足,缺乏基本的防火知识和自救技能,导致在火灾发生时无法迅速有效地应对。

2. 消防设施维护不善

消防设施是预防和扑救火灾的重要工具,但许多地方的消防设施却存在维护不善、损坏严重的问题。如灭火器过期未检、消火栓无水、自动喷水灭火系统失效等,这些问题都极大地削弱了消防设施的灭火能力。

3. 应急响应机制不健全

在火灾发生时,一个健全的应急响应机制能够迅速调动各方力量,有效地控制火势并疏散人员。然而,许多场所却缺乏这样的机制,导致火灾发生时救援行动迟缓、混乱,无法及时有效地控制火势。

二、教训与启示

1. 加强消防法律法规宣传

要提高全社会的消防安全意识,必须加强消防法规的宣传和教育。通过广播、电视、网络等多种渠道,广泛宣传消防法规、防火知识和自救技能,使每个人都能够认识到火灾的危害性,并掌握基本的防火和自救方法。

2. 提升公众自救能力

公众自救能力的提升是减少火灾伤亡的关键。应定期组织消防演练和培训,让公众熟悉火灾应急疏散路线和自救方法,提高在火灾中的应对能力和逃生速度。

3. 完善消防设施建设与维护

消防设施是预防和扑救火灾的重要保障。应加大对消防设施建设的投入,确保消防设施的数量、质量和分布都符合规范要求。同时,要加强对消防设施的定期检查和维护,确保其始终处于良好状态,能够随时发挥灭火作用。

4. 强化消防安全监管

消防安全监管是预防火灾的重要手段。应建立健全消防安全监管体系,加强对各类场所的消防安全检查和管理,及时发现和消除火灾隐患。对于违反消防法规的行为，要依法进行严厉处罚，以儆效尤。

5.建立高效的应急联动机制

在火灾发生时，一个高效的应急联动机制能够迅速调动消防、医疗、公安、住建、交通等各方力量，形成合力进行救援。应建立健全应急联动机制，明确各部门的职责和任务，加强部门之间的协调和配合，确保在火灾发生时能够迅速、有效地进行救援。

火灾事故的发生往往伴随着一系列共性问题，要解决这些问题并有效预防和减少火灾事故的发生，需要全社会的共同努力。通过加强消防法规宣传、提升公众自救能力、完善消防设施建设与维护、强化消防安全监管以及建立高效的应急联动机制等措施，可以共同构建一个更加安全的城市环境，保障人民的生命财产安全。

第八章

安全与火灾防控建议

第一节　发挥政府在城市消防安全与火灾防控的主导作用

政府在城市消防安全与火灾防控中承担着不可替代的主导责任，其角色和功能的强化对于保障城市安全、维护社会稳定具有深远意义。主导作用的详细论述。

一、制定和完善消防法规

1.紧跟时代步伐，确保消防法规的时效性

随着城市化进程的加速推进，城市建筑形态日益多样化，新型建筑材料、智能化消防技术的快速发展，对消防法规的更新提出了更高要求。政府作为法规的制定者，必须紧跟时代步伐，确保消防法规的时效性和前瞻性。

（1）纳入新技术与新材料。消防法规应密切关注并纳入最新的消防技术成果，如自动喷水灭火系统、气体灭火系统、智能火灾探测报警系统等，以及高性能防火材料、环保型灭火剂等新材料的应用标准，确保这些创新技术能够在实际消防工作中发挥最大效用。

（2）响应绿色建筑理念。随着可持续发展理念的深入人心，绿色建筑已成为未来建筑发展的趋势。消防法规应体现对绿色建筑材料和技术的支持，鼓励使用低能耗、低污染的消防系统，促进建筑业的绿色转型。

（3）法规评估与修订机制。建立定期评估与修订机制，对现行消防法规进行系统性审查，及时发现并解决法规中的滞后和不足之处。同时，根据国内外消防领域的最新研究成果和实践经验，对法规进行必要的调整和完善。

2.强化针对性，提升消防法规的适用性

不同区域、行业和场所面临的火灾风险各不相同，消防法规的制定需充分考虑这些差异，提升法规的针对性和适用性。

（1）分行业制定细则。针对不同行业的特点和火灾风险，制定具有针对性的消防安全规定。例如，化工企业应加强易燃易爆物品的管理和储存规定；高层建筑应明确消防疏散通道、避难层等设施的配置要求；地下空间则需特别关注通风排烟和火灾探测报警系统的有效性等。

（2）区域差异化管理。结合城市区域功能布局，对不同区域实施差异化消防管理。商业区、居住区、工业区等区域应根据其火灾风险特点，制定相应的消防安全标准和监管措施。

（3）特定场所特殊规定。对于学校、医院、养老院等人员密集且逃生能力相对较弱的场所，应制定更为严格的消防安全规定，确保一旦发生火灾能够迅速有效地疏散人员，减少伤亡。

3.加大处罚力度，增强消防法规的威慑力

严格的执法是确保消防法规得到有效执行的关键。政府部门应依法对违反消防法规的行为进行严厉处罚，提高违法成本，增强法规的威慑力。

（1）明确法律责任。消防法规应明确规定各类主体的法律责任，包括建设单位、设计单位、施工单位、使用单位等各方在消防安全方面的义务和责任。对于违反法规的行为，明确相应的法律责任和处罚措施。

（2）加大执法力度。建立健全消防执法机制，加强对各类场所的消防监督检查力度。对于发现的问题和火灾隐患，及时督促整改并依法进行处罚。对于严重违反消防法规的行为，依法追究相关责任人的法律责任。

（3）公开曝光典型案例。通过媒体公开曝光典型火灾案例和违法违规行为，提高公众对消防安全的认识和重视程度。同时，通过社会舆论的监督作用，促进消防法规的有效执行。

政府作为消防法规的制定者和执行者，应紧密结合城市发展实际情况，紧跟时代步伐，制定和完善具有针对性、时效性和实用性的消防法规。同时，通过加大执法力度和公开曝光典型案例等方式，增强消防法规的威慑力，确保消防法规得到有效执行，为城市的消防安全提供坚实保障。

二、加强消防基础设施建设

消防基础设施作为城市公共安全体系的重要组成部分，直接关系到火灾防控工作的效率和效果，是保障人民生命财产安全的关键环节。因此，政府应高度重视消防基础设施的建设与管理，从多个方面入手，全面提升消防基础设施的效能。

1.消防站建设：科学规划与合理布局

消防站是城市消防应急响应的核心力量，其布局和数量的合理性直接影响到火灾扑救的速度和效率。

（1）科学规划布局。消防站的规划应结合城市发展规划，充分考虑人口分布、产业结构、道路交通等因素，确保消防站能够迅速覆盖到城市的每一个角落。同时，应根据不同区域的风险等级，合理调整消防站的数量和规模，高风险区域应适当增加消防站数量，缩短响应时间。

（2）提升装备水平。随着科技的进步，消防装备也在不断升级换代。政府应加大对消防装备的投入，引进先进的消防车辆、救援装备和通讯设备，提高消防站的灭火救援能力。此外，还应加强对消防队员的培训和实战演练，提升他们的专业技能和应急反应能力。

（3）信息化建设。推动消防站的信息化建设，建立集接警调度、指挥决策、现场监控等功能于一体的消防指挥中心，实现火灾报警、力量调派、现场指挥等环节的快速响应和高效协同。同时，利用大数据、云计算等现代信息技术手段，对火灾风险进行动态监测和预警，提高火灾防控的精准性和有效性。

2.消防水源保障：确保充足可靠

消防水源是火灾扑救的重要保障，其充足性和可靠性直接影响到灭火行动的成败。

（1）加强市政供水系统建设。市政供水系统是城市消防水源的主要来源，政府应加大对市政供水系统的投入，完善供水网络，提高供水能力和供水质量。同时，应加强对供水设施的维护和管理，确保其在紧急情况下能够正常运行。

（2）设置天然水源取水点。对于缺乏市政供水系统的区域，应充分利用天然水源如河流、湖泊等设置取水点，并配备必要的取水设施和运输工具。此外，还应定期对取水点进行水质检测和清理维护，确保其水质安全和取水顺畅。

（3）储水设施建设。在高层建筑、大型商业综合体等人员密集场所，应设置足够容量的高位水箱或消防水池等储水设施，以应对突发火灾的用水需求。同时，应定期对储水设施进行检查和维护，确保其完好可用。

3.消防车通道畅通：确保救援无阻

消防车通道是消防车辆和人员到达火灾现场的重要通道，其畅通无阻是保障灭火救援顺利进行的前提。

（1）严格规划管理。在城市规划和建设中，应充分考虑消防车通道的需求，确保消防车通道的宽度、高度和承载能力满足消防车辆通行要求。同时，应加强对消防车通道周边环境的整治和管理，禁止在消防车通道上设置障碍物或进行其他影响通行的活动。

（2）动态监测与调整。随着城市的发展和变化，消防车通道的情况也可能随之变化。政府应建立消防通道的动态监测机制，定期对消防车通道进行检查和评估，及时发现并解决影响通行的问题。同时，应根据实际情况对消防车通道的布局和设置进行调整优化，确保其始终保持畅通无阻。

（3）公众教育与引导。提高公众对消防车通道重要性的认识也是保障其畅通无阻的关键环节。政府应通过各种渠道和方式加强对公众的消防安全宣传教育，引导他们自觉遵守消防法规和相关规定，不占用、不堵塞消防车通道。

4.消防设施更新：确保有效可用

消防设施是火灾防控的重要物质基础，其完好性和有效性直接关系到火灾扑救的效果。

（1）定期检查与维护。政府应建立健全消防设施的定期检查和维护制度，明确责任主体和检查周期，确保消防设施始终处于良好状态。对于检查中发现的问题和隐患应及时整改并记录在案以备查考。同时还应加强对消防设施使用情况的监测和分析，及时发现并解决潜在问题。

（2）技术更新与升级。随着科技的进步和消防标准的变化，部分老旧消防设施可能已无法满足现代消防需求。政府应加大对消防技术更新的投入力度，推动消防设施的升级换代。例如将传统的干粉灭火器更换为更环保、更高效的水基型灭火器；将传统的火灾报警系统升级为智能化、网络化的火灾自动报警系统等。

（3）人员培训与演练。消防设施的有效使用离不开专业人员的操作和维护。政府应加强对消防人员的专业技能培训和实战演练力度，提高他们的业务水平和应对突发事件的能力。同时还应建立健全消防应急预案体系并定期组织演练活动以检验预案的有效性和可行性。

加强消防基础设施建设是一个系统工程涉及多个方面和环节需要政府、社会和个人共同努力才能实现最终目标——构建一个安全、稳定、和谐的城市环境为人民群众提供更加坚实的消防安全保障。

三、推动消防信息化建设：深化技术应用，提升防控效能

随着信息技术的飞速发展，消防信息化建设已成为提升消防安全管理水平、增强火灾防控能力的重要手段。政府应积极引导和支持消防信息化建设，通过整合信

息资源、应用先进技术、推广智能产品，构建一个高效、智能、协同的消防管理体系。

1.建立消防安全信息系统：整合资源，实现智能化管理

消防安全信息系统的建设是消防信息化的基石，它通过对各类消防安全信息的采集、整合、分析，为火灾预警、监控、调度等提供有力支持。

（1）信息集成与共享。系统应集成消防法律法规、技术标准、应急预案、重点单位信息、消防设施状态、历史火灾案例等多维度数据，实现跨部门、跨领域的信息共享与协同。这有助于打破信息孤岛，提高决策效率和响应速度。

（2）智能预警与分析。利用大数据、云计算等技术，对海量消防数据进行深度挖掘和分析，构建火灾风险评估模型，实现火灾风险的早期识别和预警。同时，通过历史火灾数据分析，总结火灾发生规律，为制定针对性防控措施提供依据。

（3）动态监控与指挥。系统应具备实时监控功能，对重点单位、人员密集场所等高风险区域进行全天候监控。一旦发生火灾，系统能迅速定位火源位置，自动触发报警并生成最优救援路径，为消防指挥提供直观、准确的决策支持。

2.应用物联网技术：实现远程监测与管理

物联网技术通过传感器、RFID标签等设备将物理世界与数字世界紧密相连，为消防设施的远程监测与管理提供了可能。

（1）设施状态监测。在消防设施上安装传感器和RFID标签，实时监测其运行状态和位置信息。一旦设施出现故障或异常，系统能立即发出警报并通知维护人员进行处理，确保消防设施始终处于良好状态。

（2）远程操控与管理。通过物联网平台，管理人员可以对消防设施进行远程操控和管理。例如，在火灾发生时，远程启动消防水泵、开启排烟系统等，为现场救援提供有力支持。同时，通过数据分析优化设施配置和使用效率，降低运营成本。

（3）应急响应与联动。将物联网技术与消防安全信息系统相结合，实现火灾应急响应的自动化和智能化。当火灾发生时，系统自动触发应急响应机制，联动周边消防设施和资源进行快速处置；同时，将相关信息推送至各级应急管理部门和消防救援队伍手中，实现跨部门、跨区域的协同作战。

3.推广智能消防产品：提升火灾防控智能化水平

智能消防产品的研发和应用是推动消防信息化建设的重要方向之一。这些产品利用先进的传感器技术、人工智能算法等技术手段提高火灾防控的智能化水平。

（1）智能火灾报警系统。采用高灵敏度烟雾探测器和温度传感器等先进传感器设备实时监测环境变化；结合人工智能技术判断火灾风险并自动报警；支持语音提示和远程通知功能提高报警效率和准确性。

（2）智能灭火系统。利用气体灭火装置或高压细水雾灭火系统等先进灭火技术结合智能控制算法实现火灾初期的快速扑救；支持远程操控和自动巡检功能确保系统始终处于最佳状态；适用于数据中心、图书馆等重要场所的火灾防控。

（3）智能疏散指示系统。通过LED显示屏或投影灯等设备在火灾发生时自动切换至应急模式显示最佳逃生路径；结合语音识别和交互技术提供语音引导服务帮助被困人员迅速撤离现场；支持远程监控和数据分析功能优化疏散方案提高疏散效率。

4.加强人才队伍建设与培训：提升信息化应用能力

消防信息化建设离不开专业人才的支持和推动。政府应加大人才队伍建设力度培养一批既懂消防业务又精通信息技术的复合型人才为消防信息化建设提供有力支撑。

（1）加强人才引进与培养。通过招聘、合作等方式引进具有丰富经验和专业技能的信息化人才；加强与高校、科研机构的合作共同开展消防信息化技术研究与应用推广工作；建立完善的人才激励机制留住并吸引更多优秀人才投身消防信息化建设事业中。

（2）开展专业培训与交流。定期组织消防信息化专题培训和交流活动提升消防人员的信息技术应用能力和水平；邀请行业专家分享最新技术动态和成功案例拓宽视野开阔思路；鼓励消防管理人员积极参与各类信息化竞赛和项目实践提高实践能力和创新能力。

推动消防信息化建设需要政府、企业和社会各界共同努力通过整合资源、应用先进技术、推广智能产品以及加强人才队伍建设等措施构建一个高效、智能、协同的消防管理体系全面提升消防安全管理水平和火灾防控能力。

四、定期组织开展消防检查和演练

在构建城市消防安全体系中，定期消防检查和演练是不可或缺的重要环节。这一机制不仅有助于及时发现并消除火灾隐患，还能有效提升公众和消防队伍的应急响应与协同作战能力。为了更深入地探讨这一主题，需要从以下几个方面进行详细阐述。

1.定期消防检查：精细化管理与隐患动态清零

定期消防检查是预防火灾的第一道防线，其目的在于通过专业、系统的评估，识别并消除潜在的火灾风险。这一工作不仅要求检查的全面性，更强调检查的精细化和针对性。

（1）检查对象的广泛覆盖。定期消防检查应覆盖所有可能存在火灾隐患的场所，包括但不限于居民楼、商场、学校、工厂、仓库等。特别是高层建筑、地下空间、人员密集场所等高风险区域，更应作为检查的重点。

（2）检查内容的细致入微。检查内容应涵盖消防设施、疏散通道、用电安全、易燃易爆物品管理等多个方面。具体来说，需检查消防器材是否完好有效、疏散通道是否畅通无阻、电气线路是否老化破损、易燃易爆物品是否规范存放等。此外，还应关注场所内是否存在违规使用明火、私拉乱接电线等违法违规行为。

（3）专业团队与技术支持。为确保检查的专业性和准确性，应组建由消防专家、技术人员等组成的专业检查团队。同时，利用现代科技手段如无人机巡查、红外热成像检测等，提高检查的效率和精度。

（4）隐患整改与跟踪复查。对于检查中发现的火灾隐患，应立即下发整改通知书，明确整改期限和责任人。整改隐患完成后，应组织复查验收，确保隐患得到彻底消除。对于拒不整改或整改不力的单位和个人，应依法依规进行处理。

2.组织消防演练：实战化训练与能力提升

消防演练是提高公众和消防队伍应急响应能力的有效途径。通过模拟真实火灾场景，让参与者亲身体验火灾的危险性和紧急性，从而增强应对火灾的信心和能力。

（1）演练内容的多样化。消防演练应包括多种类型的内容，如灭火演练、疏散演练、搜救演练等。不同类型的演练可以针对不同的火灾场景和需求进行设计和实施。例如，在高层建筑中应重点开展疏散演练和搜救演练；在工业园区则应关注易燃易爆物品的应急处置和危险化学品的泄漏控制等。

（2）实战化场景的模拟。为了提高演练的逼真度和实效性，应尽可能模拟真实的火灾场景。这包括烟雾弥漫的环境、紧张的逃生氛围以及复杂的火场形势等。通过实战化的模拟训练，使参与者在心理上和身体上都得到充分的锻炼和准备。

（3）多方协作与联动。消防演练不仅是消防救援队伍的单打独斗，更需要多方协作和联动。这包括与公安、医疗、交通等部门的密切配合以及社区、企事业单位等社会力量的广泛参与。通过多方协作和联动机制的建立和完善，可以形成强大的合力共同应对火灾等突发事件。

（4）总结评估与持续改进。每次演练结束后，应及时进行总结评估工作分析演练过程中存在的问题和不足并提出改进措施和建议。同时根据演练情况对消防预案进行修订和完善确保预案的针对性和可操作性。此外，还应定期对消防队伍进行培训和考核，提升其专业技能和综合素质以更好地适应复杂多变的火灾形势。

3.加强宣传教育：提升公众消防安全意识

消防安全宣传教育是提高公众消防安全意识的重要途径。通过广泛深入的宣传教育活动，可以让公众了解火灾的危害性掌握基本的防火知识和技能，从而在日常生活中自觉遵守消防法规养成良好的消防安全习惯。

（1）宣传内容的多样化。宣传内容应包括火灾的危害性、预防措施、自救互救知识以及消防法律法规等多个方面。通过图文并茂的宣传资料、生动有趣的宣传视频以及深入浅出的讲解演示等形式将复杂的消防知识变得通俗易懂易于接受和理解。

（2）宣传渠道的广泛覆盖。宣传渠道应覆盖各种媒体平台如电视、广播、报纸以及互联网等。同时还应充分利用公共场所的广告牌、宣传栏以及社交媒体等新兴平台进行广泛宣传，扩大宣传的覆盖面和影响力。此外，还可以通过举办消防安全知识竞赛、演讲比赛等活动激发公众的兴趣和参与热情形成人人关注消防、人人参与消防的良好氛围。

（3）针对不同群体的定制化宣传。针对不同年龄层次和职业特点的群体，应开展定制化的宣传教育活动。例如对于学校师生可以开展消防安全主题班会、消防知识讲座等活动；对于企业员工可以组织消防安全培训和应急疏散演练等活动；对于社区居民则可以开展家庭防火知识宣传和住宅建筑应急疏散预案的制定等活动。通过这些定制化的宣传教育活动可以更加精准地满足不同群体的需求和特点提高其消防安全意识和自救互救能力。

定期消防检查和演练以及加强宣传教育工作是构建城市消防安全体系的重要组成部分。只有通过全面细致的消防检查及时发现并消除火灾隐患；通过实战化的消防演练提升公众和消防队伍的应急响应能力和协同作战能力；通过广泛深入的宣传教育提高公众的消防安全意识和自救互救能力才能共同构建一个安全、和谐、美好的城市环境。

● 第二节　发挥学界在推进教育科研、技术创新中的引领和支撑作用

学术界，特别是高校和科研机构，在消防安全与火灾防控领域的研究和教育方面扮演着至关重要的角色，应充分发挥学界的引领和支撑作用。

一、强化科研投入与合作，推动消防安全技术创新与发展

1. 提供全面而精准的资金支持

（1）设立专项科研基金。政府应设立专门的消防安全与火灾防控科研基金，为相关领域的科研工作提供稳定而充足的资金支持。这些基金可以通过财政拨款、社会捐赠等多种渠道筹集，确保资金来源的多元化和可持续性。基金的使用应严格遵循公开、透明、高效的原则，确保每一分钱都用在刀刃上，推动科研工作顺利开展。

（2）优化资金分配结构。在资金分配上，应注重优化结构，突出重点。一方面，加大对关键技术研发、新型防火材料开发、智能火灾预警系统等重点项目的支持力度；另一方面，也要关注基层消防站点的建设和运行维护，确保消防基础设施的完善。此外，还应为科研人才的培养和引进提供必要的资金支持，打造一支高素质、专业化的消防安全科研队伍。

（3）完善资金使用监管机制。为确保科研经费的有效利用，应建立完善的资金使用监管机制。这包括建立科研经费使用情况的定期报告制度，对科研经费的使用情况进行跟踪和监督；同时，加强审计和检查工作，对违规行为进行严肃处理，确保科研经费的合法合规使用。

2. 精准引导研究方向，聚焦实际需求

（1）结合实际需求确定研究方向。在引导研究方向时，应紧密结合当前消防安全与火灾防控的实际需求。通过对火灾事故案例的深入剖析，明确当前面临的主要问题和挑战，进而确定科研工作的重点领域和方向。例如，针对高层建筑火灾救援难度大、地下空间火灾防控复杂等问题，可以组织力量开展针对性的技术研发和攻关。

(2)鼓励跨学科合作研究。消防安全与火灾防控领域涉及多个学科的知识和技术，如建筑学、材料科学、信息技术等。因此，应鼓励跨学科的合作研究，促进不同领域知识的融合与创新。通过建立跨学科研究平台或协作网络，汇聚各方智慧和资源，共同推动消防安全技术的突破和发展。

(3)注重前瞻性技术研究。在关注当前实际需求的同时，还应注重前瞻性技术的研究和开发。通过对未来消防安全领域可能面临的挑战和机遇进行预判和分析，提前布局相关技术研发工作。例如，随着物联网、大数据等技术的快速发展，可以探索将其应用于火灾预警、应急指挥等方面，提升消防安全的智能化水平。

3.促进科技成果转化，推动产业升级

(1)建立科技成果转化机制。为促进科技成果转化，应建立完善的机制保障。这包括制定科技成果转化政策，明确成果转化的流程和规范；建立科技成果评估体系，对科研成果的价值和应用前景进行科学评估；同时，加强成果转化的中介服务建设，为科研成果与市场需求之间搭建桥梁。

(2)提供政策支持和激励措施。政府应出台相关政策措施，对科技成果转化给予税收减免、资金奖励等支持。通过降低企业采用新技术的成本和风险，激发企业参与科技成果转化的积极性和主动性。同时，还可以通过设立科技成果转化专项基金等方式，为成果转化提供直接的资金支持。

(3)推动产学研用深度融合。产学研用深度融合是促进科技成果转化的有效途径。通过加强高校、科研机构与企业之间的合作与交流，促进知识、技术和市场资源的有效对接。企业可以借助高校和科研机构的研发力量，提升自身的技术创新能力和市场竞争力；而高校和科研机构则可以通过与企业合作，将科研成果转化为实际应用，实现经济效益和社会效益的双赢。

4.加强人才培养与引进，构建高水平科研团队

(1)完善人才培养体系。人才培养是科研工作的基础。政府应加大对消防安全领域人才培养的投入力度，完善从基础教育到高等教育的全方位人才培养体系。通过与高校合作开设相关专业课程、建设实训基地等方式，为行业培养更多的专业人才。同时，还应加强对在职人员的继续教育和培训力度，不断提升其专业素质和技能水平。

(2)引进高层次人才。为了弥补国内人才短缺的问题，应积极引进海外高层次人才。通过制定优惠政策、提供良好的工作环境和生活条件等方式，吸引更多具有

国际视野和丰富经验的优秀人才加入消防安全科研队伍。同时，还应加强与国际先进科研机构的交流与合作，引进先进的科研理念和技术方法，提升国内消防安全科研的整体水平。

（3）优化人才激励机制。为了激发科研人员的积极性和创造力，应建立科学合理的人才激励机制。这包括制定合理的薪酬制度、完善职称评定体系、提供丰富的职业发展机会等。同时，还应加强对优秀科研成果和人才的表彰和奖励力度，营造尊重知识、尊重人才的良好氛围。

5.强化国际合作与交流，提升国际竞争力

（1）积极参与国际科研合作。消防安全是全球性的挑战，需要各国共同努力应对。因此，应积极参与国际科研合作与交流活动，与世界各国分享科研成果和经验教训。通过与国际先进科研机构的合作与交流，共同推动消防安全技术的创新与发展；同时，还可以借助国际平台展示中国的科研实力和成果影响力。

（2）借鉴国际先进经验和技术。在参与国际合作与交流的过程中，应注重学习和借鉴国际先进经验和技术。通过对国际先进消防安全技术和管理模式的深入了解和分析，结合国内实际情况进行消化吸收再创新；同时，还可以引进国外先进的消防设备和产品，提升国内消防安全的整体水平。

（3）提升国际竞争力。通过加强国际合作与交流活动以及引进消化吸收再创新工作，可以不断提升中国在全球消防安全领域的国际竞争力。这不仅有助于提升中国在国际舞台上的话语权和影响力；还可以为中国企业"走出去"提供更加有力的技术支撑和保障条件。因此，在未来的工作中应继续加大国际合作与交流的力度和深度，共同推动全球消防安全事业的发展与进步。

加强科研投入、深化消防安全与火灾防控领域的技术创新与进步是推动我国消防安全事业发展的重要举措。通过提供全面而精准的资金支持、精准引导研究方向、促进科技成果转化以及加强人才培养与引进等措施的实施可以不断提升我国消防安全技术的创新能力和应用水平；同时，加强国际合作与交流活动也有助于提升我国在全球消防安全领域的国际竞争力和影响力。

二、建立产学研合作机制

产学研合作是推动消防安全与火灾防控技术进步和产业升级的有效方式。为了促进学界与产业界、政府之间的合作与交流，应该做到以下几点。

1. 搭建合作平台

政府应搭建产学研合作平台,为学界、产业界和政府提供交流合作的机会和场所。例如,可以定期举办消防安全与火灾防控技术研讨会、成果展示会等活动。

2. 推动项目合作

鼓励学界与产业界联合申报科研项目,共同开展技术攻关和产品研发。政府可以给予项目合作一定的资金支持和政策优惠。

3. 加强人才培养

通过产学研合作,加强消防安全与火灾防控领域的人才培养。高校和科研机构可以与企业合作,共同培养具有实践经验和创新能力的复合型人才。

学界在消防安全与火灾防控领域的研究和教育方面具有不可替代的作用。为了充分发挥学界的引领和支撑作用,应加强科研投入、开展教育培训、建立产学研合作机制等措施,推动消防安全与火灾防控技术的进步和产业升级,为城市的安全和稳定提供有力保障。

第三节　充分调动企业、公众协同参与，提高消防安全意识

企业和公众作为城市消防安全与火灾防控的主体，其参与度和安全意识的高低直接关系到整个城市的消防安全水平。为了充分调动他们的协同参与，提高消防安全意识，应采取以下措施：

一、加强宣传教育

宣传教育是提高企业和公众消防安全意识的有效途径。应通过多种形式的宣传教育活动。

1. 媒体宣传

利用电视、广播、报纸、网络等媒体平台，广泛宣传消防安全知识和法规，提高公众对消防安全的关注度。

2. 现场演示

定期在公共场所、企业、学校等地开展消防安全现场演示活动，如灭火器材使用演示、火灾逃生演练等，使公众直观了解消防安全知识和技能。

3. 专题培训

针对企业和公众的不同需求，开展专题消防安全培训，如企业消防安全责任人培训、公众消防安全知识讲座等，提高他们的消防安全素质和技能水平。

二、建立激励机制

激励机制是激发企业和公众积极参与消防安全工作的有效手段。应设立奖励基金、表彰先进等，对在消防安全工作中表现突出的企业和个人进行奖励和表彰。

1. 设立奖励基金

政府或相关机构可以设立消防安全奖励基金，对在消防安全管理工作中做出突出贡献的企业和个人进行物质奖励或荣誉表彰。

2.开展评选活动

定期开展消防安全先进单位、先进个人等评选活动，通过树立典型、表彰先进，激发企业和公众的积极性和创造性。

3.提供政策优惠

对积极参与消防安全工作的企业，政府可以在税收、融资等方面给予一定的政策优惠，鼓励其持续投入消防安全工作。

三、推动社会共治

社会共治是形成全社会齐抓共管消防安全工作格局的关键。应建立政府、企业、公众共同参与的消防安全治理机制。

1.建立联席会议制度

政府应牵头建立消防安全联席会议制度，定期召集各行业主管部门、企业、公众代表等共同商讨消防安全工作，形成共识和合力。

2.开展联合检查

政府、各行业主管部门、企业、公众应共同参与消防安全检查活动，对发现的火灾隐患进行及时整改和消除，确保消防安全工作的有效性。

3.建立信息共享机制

建立消防安全信息共享机制，及时发布消防安全信息、预警信息等，提高企业和公众对消防安全工作的知晓率和参与度。

为了充分调动企业和公众的协同参与，提高消防安全意识，应加强宣传教育、建立激励机制、推动社会共治等措施。通过这些措施的实施，可以形成全社会共同关注、共同参与消防安全工作的良好氛围，为城市的安全和稳定提供有力保障。

第四节 积极推动保险创新及事前风险减量服务

保险在消防安全与火灾防控中扮演着至关重要的角色，它不仅能够为公众和企业提供经济上的保障，还能通过其专业服务和合作机制，促进消防安全工作的深入开展。积极推动保险创新及事前风险减量服务，应做好以下方面工作。

一、开发更契合市场需求的保险产品

随着社会的不断进步，保险公司面临着前所未有的市场机遇与挑战。为了积极响应这一市场需求，保险公司应致力于开发一系列针对消防安全与火灾防控的保险产品，旨在为企业和个人提供更加全面、专业的风险保障。

首先，火灾责任险是这一系列保险产品中的核心之一。该险种主要承保因火灾事故导致的第三者人身伤亡和财产损失赔偿责任。对于企业和个人而言，火灾责任险的引入有助于有效分散其因火灾而可能承担的巨大经济风险。当火灾不幸发生时，保险公司将依据保险合同的约定，为被保险人承担相应的赔偿责任，从而减轻其经济负担，提高社会整体的抗风险能力。

其次，财产损失险也是针对消防安全需求的重要保险产品。这一险种主要针对企业和个人财产因火灾造成的损失进行赔偿。无论是住宅、商业楼宇还是工厂车间，一旦遭受火灾侵袭，往往会造成严重的财产损失。财产损失险的推出，为受灾者提供了及时的经济支持，帮助他们尽快恢复生产和生活秩序，减少因火灾带来的经济损失和社会影响。

除了上述两种基础险种外，保险公司还应积极创新，开发更多满足不同客户需求的保险产品。例如，消防设备损失险可以针对企业配置的消防设备进行保障，当这些设备在火灾中受损或失效时，保险公司将提供相应的赔偿，以确保企业能够及时更换或修复设备，恢复正常的消防安全水平。

此外，火灾中断营业损失险也是一项具有创新意义的保险产品。对于依赖日常运营收入的企业而言，火灾可能导致业务中断，进而造成巨大的经济损失。火灾中断营业损失险旨在为企业提供因火灾导致的营业中断期间的经济补偿，帮助企业渡

过难关，尽快恢复正常运营。

保险公司应积极响应消防安全与火灾防控的市场需求，通过开发火灾责任险、财产损失险以及其他创新险种，为企业和个人提供更加全面、专业的风险保障。这些保险产品的推出，不仅有助于提升社会整体的抗风险能力，还能为受灾者提供及时的经济支持，促进社会的和谐稳定发展。

二、提供事前风险减量服务

保险公司作为风险管理的重要参与者，应充分利用其专业优势，不仅仅局限于事后赔偿，更要积极参与到客户的事前风险减量服务中。在当今社会，各类风险事件频发，无论是企业还是个人，都面临着前所未有的挑战。为了有效应对这些风险，保险公司不再仅仅局限于传统的风险转移和赔偿功能，而是开始积极提供事前风险减量服务，帮助客户在风险发生之前进行有效的预防和控制。本节下面将详细阐述保险公司提供的事前风险减量服务，包括火灾风险评估、隐患排查、整改建议、消防安全教育培训以及物联网风控服务五个方面。

1. 火灾风险评估

风险评估是保险公司事前风险减量服务的基础。通过对客户所处的环境、经营业务、资产状况等进行全面深入的分析，保险公司能够识别出潜在的风险因素，并评估这些风险可能造成的损失程度。风险评估不仅涉及火灾、自然灾害、意外事故等传统风险，还包括市场风险、信用风险等非传统风险。保险公司利用专业的风险评估模型和工具，结合丰富的历史数据和行业经验，为客户提供精准的风险评估报告，为后续的风险管理提供科学依据。

在火灾风险评估过程中，保险公司还会与客户进行充分的沟通，了解客户的具体需求和担忧，确保风险评估的全面性和针对性。通过风险评估，客户能够清晰地认识到自身面临的火灾风险状况，从而有针对性地采取火灾风险减量措施。

2. 隐患排查

隐患排查是风险评估的延伸和细化。在识别出潜在风险因素后，保险公司会组织专业的团队对客户的经营场所、设备设施、管理流程等进行实地检查，发现可能引发风险的隐患点。火灾隐患排查不仅关注物理层面的问题，如设备老化、线路裸露等，还关注管理层面的问题，如制度不健全、操作不规范等。

通过火灾隐患排查，保险公司能够为客户提供一个详细的隐患清单，并根据隐患的严重程度和紧迫性，提出相应的整改建议。这有助于客户及时消除安全隐患，防止火灾事故的发生。

3. 整改建议

针对火灾隐患排查中发现的问题，保险公司会为客户提供具体的整改建议。这些建议不仅涉及技术层面的改进措施，如更换老旧设备、修复线路等，还包括管理层面的优化建议，如完善制度、加强培训等。整改建议旨在帮助客户从根本上解决风险问题，提升风险管理水平。

保险公司还会根据客户的实际情况和预算，制定切实可行的整改方案，并提供必要的技术支持和指导。通过整改建议的实施，客户能够有效降低火灾事故的发生概率和损失程度。

4. 消防安全教育培训

消防安全是风险管理的重要组成部分。保险公司会为客户提供定期的消防安全教育培训，提高客户的消防安全意识和自救互救能力。培训内容通常包括消防法律法规、火灾预防知识、灭火器材的使用方法以及应急疏散演练等。

通过消防安全教育培训，客户能够了解到最新的消防安全知识和技术，掌握正确的火灾预防和应对措施。这有助于客户在火灾发生时能够迅速反应，有效减少人员伤亡和财产损失。

5. 物联网风控服务

随着物联网技术的不断发展，保险公司开始将物联网技术应用于风险管理中，为客户提供更加智能、高效的风控服务。通过物联网设备，保险公司能够实时监测客户的经营场所、设备设施等关键点的运行状态和异常情况，及时发现并预警潜在的火灾风险。

物联网风控服务不仅提高了风险管理的效率和准确性，还降低了人工巡检的成本和难度。客户可以通过手机、电脑等终端设备随时查看风险监测数据，了解自身风险状况，并及时采取措施进行干预。

保险公司提供的事前风险减量服务对于帮助客户预防和控制风险具有重要意义。通过火灾风险评估、隐患排查、整改建议、消防安全教育培训以及物联网风控服务等措施，保险公司能够帮助客户有效降低火灾事故的发生概率和损失程度，提升风险管理水平。同时，这也有助于保险公司更好地履行社会责任，提升客户满意度和忠诚度。

三、深化保险与消防的协同合作，共筑消防安全坚实防线

为进一步提升全社会的消防安全水平，加强保险公司与消防救援部门之间的深度合作与交流显得尤为重要。这种合作模式不仅能够促进双方资源共享、优势互补，还能显著提升消防安全工作的效率和效果，共同为社会创造更加安全稳定的环境。

1. 共同开展宣传教育活动

保险公司与消防救援部门应携手合作，充分利用各自的资源和平台，共同策划和实施一系列丰富多彩的消防安全宣传教育活动。这些活动可以包括但不限于消防安全知识讲座、灭火实战演练、火灾逃生自救技能培训等。通过生动的讲解、真实的模拟和互动体验，不仅能够有效提升公众的消防安全意识，还能增强他们在面对火灾等紧急情况时的应对能力和自救能力。同时，双方还可以联合制作并发放消防安全宣传资料，如手册、海报、视频等，进一步扩大宣传覆盖面，强化宣传效果。

2. 共享信息资源，强化数据驱动决策

为了更高效地开展消防安全工作，保险公司与消防救援部门应建立信息共享机制，定期交流消防安全信息、火灾案例分析、风险评估报告等重要数据资源。这种信息共享不仅有助于双方及时了解消防安全领域的最新动态和趋势，还能为双方的科学决策和精准施策提供有力支持。例如，保险公司可以通过分析火灾案例数据，发现特定行业或区域的火灾风险特点，进而为消防救援部门提供有针对性的防控建议；而消防救援部门则可以向保险公司提供最新的消防安全法规政策、技术标准等信息，帮助保险公司不断完善自身的产品和服务体系。

3. 协同开展隐患排查和整改，闭环管理提升实效

为了从根本上消除火灾隐患，保险公司与消防部门还应加强在隐患排查和整改方面的协同合作。双方可以联合组建专业的消防安全检查团队，定期开展对重点单位、高风险场所的消防安全检查活动。在检查过程中，团队应严格按照消防安全法规和标准要求，对消防设施、器材、疏散通道、应急预案等方面进行全面细致的检查和评估。对于发现的火灾隐患，双方应共同制定整改方案和时间表，并明确责任分工和督促整改措施落实。同时，为了确保整改效果达到预期目标，双方还应建立隐患整改闭环管理机制，对整改过程进行全程跟踪和监督评估，确保每一项隐患都能得到及时有效的消除。

深化保险公司与消防救援部门的协同合作是提升消防安全工作水平的重要途径。通过共同开展宣传教育活动、共享信息资源以及协同开展隐患排查和整改等措施的实施，不仅能够显著提升全社会的消防安全意识和应对能力，还能有效预防和减少火灾事故的发生概率及其造成的损失和影响。这种合作模式将为构建更加安全、和谐的社会环境提供有力保障。

政府、学界、企业和公众应共同努力，形成全社会共同参与的消防安全与火灾防控体系。在这个体系中，保险创新及事前风险减量服务发挥着重要的作用。通过开发新型保险产品、提供事前风险减量服务以及加强保险与消防的合作等措施，可以有效地提高城市的消防安全水平，保障人民的生命财产安全。同时，这些措施还能促进保险行业的创新发展，为消防安全工作提供更多的支持和保障。因此，我们应积极推动保险在消防安全与火灾防控中的应用和发展，为构建安全、和谐的社会环境贡献力量。

附录

简明消防安全管理知识

1.单位的消防安全责任人由什么人担任？

答：法人单位的法定代表人或者非法人单位的主要负责人，是单位的消防安全责任人。

2.单位应当确定什么人为消防安全管理人？

答：消防安全管理人是指在本单位负有一定领导职务和权限，在单位消防安全责任人授权范围内，具体组织实施本单位消防安全管理工作；

消防安全管理人是单位直接、具体承担本单位日常消防安全管理工作的领导，消防安全管理人对单位的消防安全责任人负责；

未确定消防安全管理人的单位，其消防安全管理工作由单位的消防安全责任人负责实施。

3.单位的消防安全管理人应向消防安全责任人报告哪内容？

答：消防安全管理人应当定期向消防安全责任人报告消防安全情况，及时报告涉及消防安全的重大问题。

4.单位的消防安全责任人应当履行哪些消防安全职责？

答：（一）贯彻执行消防法规，保障单位消防安全符合规定，掌握本单位的消防安全情况；

（二）将消防工作与本单位的生产、科研、经营、管理等活动统筹安排，批准实施年度消防工作计划；

（三）为本单位的消防安全提供必要的经费和组织保障；

（四）确定逐级消防安全责任，批准实施消防安全制度和保障消防安全的操作规程；

（五）组织防火检查，督促落实火灾隐患整改，及时处理涉及消防安全的重大问题；

（六）根据消防法规的规定建立专职消防队、义务消防队；

（七）组织制定符合本单位实际的灭火和应急疏散预案，并实施演练。

5.单位的消防安全管理人应当实施和组织落实哪些消防安全管理工作？

答：（一）拟定年度消防工作计划，组织实施日常消防安全管理工作；

（二）组织制定消防安全制度和保障消防安全的操作规程并检查督促其落实；

（三）拟定消防安全工作的资金投入和组织保障方案；

（四）组织实施防火检查和火灾隐患整改工作；

（五）组织实施对本单位消防设施、灭火器材和消防安全标志的维护保养，确保其完好有效，确保疏散通道和安全出口畅通；

（六）组织管理专职消防队和义务消防队；

（七）在员工中组织开展消防知识、技能的宣传教育和培训，组织灭火和应急疏散预案的实施和演练；

（八）单位消防安全责任人委托的其他消防安全管理工作。

6.单位的哪些人员应向消防机构备案？如何备案？

答：单位依法确定的消防安全责任人、消防安全管理人、专（兼）职消防管理员、消防控制室值班操作人员等消防安全管理人员，应在建立单位户籍化档案同时，向消防机构报告备案；上述人员发生变更的，应当自变更之日起5个工作日内，重新报告备案。

7.单位各级、各岗位的消防安全职责应如何明确？

答：应当明确逐级和岗位的消防安全职责，确定各级、各岗位的消防安全责任人。

8.单位的消防安全制度有哪些？

答：单位消防安全制度主要包括以下内容：消防安全教育、培训；防火巡查、检查；安全疏散设施管理；消防（控制室）值班；消防设施、器材维护管理；火灾隐患整改；用火、用电安全管理；易燃易爆危险物品和场所防火防爆；专职和义务消防队的组织管理；灭火和应急疏散预案演练；燃气和电气设备的检查和管理（包括防雷、防静电）；消防安全工作考评和奖惩；其他必要的消防安全内容。

9.单位开展内部防火检查工作的频次有何要求？

答：机关、团体、事业单位应当至少每季度进行一次防火检查，其他单位应当至少每月进行一次防火检查。

10.消防安全重点防火检查的要求和内容是什么？哪些人须在防火检查记录上签字？

答：（一）火灾隐患的整改情况以及防范措施的落实情况；

（二）安全疏散通道、疏散指示标志、应急照明和安全出口情况；

（三）消防车通道、消防水源情况；

（四）灭火器材配置及有效情况；

（五）用火、用电有无违章情况；

（六）重点工种人员以及其他员工消防知识的掌握情况；

（七）消防安全重点部位的管理情况；

（八）易燃易爆危险物品和场所防火防爆措施的落实情况以及其他重要物资的防火安全情况；

（九）消防（控制室）值班情况和设施运行、记录情况；

（十）防火巡查情况；

（十一）消防安全标志的设置情况和完好、有效情况；

（十二）其他需要检查的内容。

防火检查应当填写检查记录。检查人员和被检查部门负责人应当在检查记录上签名。

11. 单位对不能当场改正的火灾隐患，应该如何处理？

答：对不能当场改正的火灾隐患，消防工作归口管理职能部门或者专兼职消防管理人员应当根据本单位的管理分工，及时将存在的火灾隐患向单位的消防安全管理人或者消防安全责任人报告，提出整改方案。消防安全管理人或者消防安全责任人应当确定整改的措施、期限以及负责整改的部门、人员，并落实整改资金。

在火灾隐患未消除之前，单位应当落实防范措施，保障消防安全。不能确保消防安全，随时可能引发火灾或者一旦发生火灾将严重危及人身安全的，应当将危险部位停产停业整改。

12. 火灾隐患整改完毕后，应该如何处理？

答：火灾隐患整改完毕，负责整改的部门或者人员应当将整改情况记录报送消防安全责任人或者消防安全管理人签字确认后存档备查。

13. 对消防救援机构责令限期改正的火灾隐患，单位应该如何处理？

答：单位应当在规定的期限内改正并写出火灾隐患整改复函，报送消防救援机构。

14. 公众聚集场所应如何向公众宣传消防知识？

答：公众聚集场所在营业、活动期间，应当通过张贴图画、广播、闭路电视等向公众宣传防火、灭火、疏散逃生等常识。

15. 设有消防控制室的单位的消防档案应存放在什么地方？

答：应存放在消防控制室。

16. 消防安全重点单位的消防档案应有哪些内容？

答：消防安全重点单位应当建立健全消防档案。消防档案应当包括消防安全基本情况和消防安全管理情况。消防档案应当翔实，全面反映单位消防工作的基本情况，并附有必要的图表，根据情况变化及时更新。单位应当对消防档案统一保管、备查。

消防安全基本情况应当包括以下内容：

（一）单位基本概况和消防安全重点部位情况；

（二）建筑物或者场所施工、使用或者开业前的消防设计审核、消防验收以及消防安全检查的文件、资料；

（三）消防管理组织机构和各级消防安全责任人；

（四）消防安全制度；

（五）消防设施、灭火器材情况；

（六）专职消防队、义务消防队人员及其消防装备配备情况；

（七）与消防安全有关的重点工种人员情况；

（八）新增消防产品、防火材料的合格证明材料；

（九）灭火和应急疏散预案。

消防安全管理情况应当包括以下内容：

（一）消防救援机构填发的各种法律文书；

（二）消防设施定期检查记录、自动消防设施全面检查测试的报告以及维修保养的记录；

（三）火灾隐患及其整改情况记录；

（四）防火检查、巡查记录；

（五）有关燃气、电气设备检测（包括防雷、防静电）等记录资料；

（六）消防安全培训记录；

（七）灭火和应急疏散预案的演练记录；

（八）火灾情况记录；

（九）消防奖惩情况记录。

其中，第（二）、（三）、（四）、（五）项记录，应当记明检查的人员、时间、部位、内容、发现的火灾隐患以及处理措施等；第（六）项记录，应当记明培训的时间、参加人员、内容等；第（七）项记录，应当记明演练的时间、地点、内容、参加部门以及人员等。

17.火灾高危单位的消防安全责任人、消防安全管理人应当去哪里进行消防安全专业培训？

答：应当参加消防机构或具有消防培训资质的社会消防培训机构组织开展的专门培训。

18.如何确定消防安全重点部位？

答：消防安全重点部位是单位内部人员集中、物资集中、容易发生火灾或者发生火灾后影响全局的部位和场所，主要包括：一是人员集中的场所，如公众聚集的文化、体育、娱乐场所，集体宿舍、施工地工棚、医院、食堂、招待所、幼儿园等。二是物资集中的场所，如各种物品的库房、堆场、集放地、储藏室，先进设备的生产车间实验室。三是容易发生火灾的场所，如油漆、喷漆、油浸工作场所，烘烤、电气焊割等明火作业的场所，化工、化验、木工、粉尘等高度火灾危险性场所，易燃、易爆、危险化学品的生产、使用、储存、销售的站、店、库等场所。四是发生火灾后影响全局的场所，如变配电室、消防控制室、广播总控室、生产总控、调度室、计算机房、供气、供水、供电的调度室、档案资料中心、重要精密仪器设备室。

19.怎样设置防火标志？

答：防火标志是指以文字、符号、图形表达防火信息的制式载体。

消防安全重点部位必须依法设置防火标志，建立明确的消防安全责任制和专门的消防安全管理制度，并根据重点部位的重要程度和火灾危险性采取人防、物防、技防手段，做到定点、定人、定措施，确保消防安全。

20.消防安全重点单位微型消防站的作用是什么？

答：微型消防站是依托消防安全重点单位志愿消防队、配备必要的消防器材、积极开展防火巡查和初起火灾扑救等火灾防控工作的消防组织。

21.重点单位消防安全工作采取的"六加一"措施，具体是指什么？

答：开展一次消防安全评估、签订一份消防安全承诺书、维护保养一次消防设施、组织检测一次电气和燃气线路设施、全面清洗一次油烟道、集中培训一次全体员工，在此基础上，建立一支志愿消防队或微型消防站。

22.对消防控制室值班人员有什么要求？

答：消防控制室必须严格执行24小时值班制度，每班不少于两人，值班人员应通过消防行业特有工种职业技能鉴定，持有职业资格证书，并能熟练操作消防设施。

23. 公众聚集场所在营业期间应当至少多长时间巡查一次？

答：每2小时。

24. 社会单位消防安全标准化管理要求员工必须掌握的"四个能力"是什么？

答：检查消除火灾隐患能力、扑救初起火灾能力、组织疏散逃生能力、消防宣传教育能力。

25. 火灾时单位员工应如何组织人员疏散逃生？

答：发生火灾时，单位员工要提醒顾客稳定情绪，正确使用疏散逃生装备、器材，按照疏散路线迅速、有序逃生，并为老弱病残者提供帮助。当人员被困无法疏散时，单位员工要保持冷静，带领人员到安全的地方躲避烟火，等待救援。

26. 如何利用干粉灭火器、室内消火栓扑救初级火灾？

答：灭火器：把灭火器提到着火点2至3米处，拔掉保险销；一手握住喷管头，另一手提着握把；站在位于火源上风向位置，用力压下握把，对准火源根部来左右扫射。

室内消火栓：1人打开室内消火栓箱的箱门，按下报警按钮；另外1人取出水带向着火点处展开；水带一端接到消火栓接口，水带另一端接上水枪；逆时针打开阀门即可灭火。

27. 发生火灾拨通119报警电话后，应报告哪些情况？

答：（1）报警时应沉着、准确地讲清起火位置所在的地区、街道、房屋门牌号码或起火单位。（如地点不好找，可派人到入口处等待，引导消防车尽快到达着火地点）；（2）燃烧物是什么，火势大小；（3）有无人员被困等情况；（4）报警人姓名以及所用的电话号码。

28. 使用灭火器扑救火灾时，要对准火焰的哪个部位喷射？

答：火焰的根部。

29. 当员工发现火灾时，应该怎么办？

答：当发现火灾，现场只有你一个人的时候，首先要一边呼救，一边进行处理。如果是初起火灾，认为有能力、有把握能够将初期火灾扑灭，而且相应灭火器就地可取，并懂得使用，那就应该把火扑灭。如果认为自己无力扑灭这起火灾，就应该迅速报警，并呼喊周边的人员来救火。尽可能将火势控制在最小范围内，等待消防救援队伍前来扑救。

30.防火检查的目的是什么?

答：防火检查的目的是在于发现和消除火灾隐患，也就是把火灾事故消灭在萌芽状态，做到"防患于未燃"。

31.一般灭火器只适宜在火灾形成的初期阶段，当火灾已发展到燃烧、猛烈两个阶段时应当怎么办?

答：当火灾已发展到燃烧或猛烈阶段，不能再使用灭火器施救，其射程已经到达不到火点。一方面应当使用现有的室内消火栓等设备控制火势，或采用其他灭火手段，如采用隔离等措施。另一方面应当迅速向消防救援部门报警，并组织转移相邻可燃物与危险品等，尽量减少火灾损失。

32.发生火灾时，应注意的事项有哪些?

答：（1）切忌慌乱，判断火势来源，采取与火源相反方向逃生；（2）切勿使用普通电梯逃生；（3）切勿返入屋内取回贵重物品；（4）夜间发生火灾时，应先叫醒熟睡的人，不要只顾自己逃生，并且尽量大声喊叫，以提醒其他人逃生。

33.什么叫防火重点工种?

答：是指那些在生产中带有关键性而且火灾危险性大，发生火灾后影响大的工种，如电工、焊接工、油漆工、烘烤工、熬炼工、木工，以及从事操作、保管易燃易爆化学危险品等有关人员。

34.火灾逃生的四个要点是什么?

答：防烟熏；果断迅速逃离火场；寻找逃生之路；等待他救。

35.公共场所的防火规定有哪些?

答：不在公共场所内吸烟和使用明火；不带烟花、爆竹、酒精、汽油等易燃易爆危险物品进入公共场所；车辆、物品不紧贴或压占消防设施，不应堵塞消防通道，严禁挪用消防器材，不得损坏消火栓、防火门、火灾报警器、火灾喷淋等设施；学会识别安全标志，熟悉安全通道；发生火灾时，应服从公共场所管理人员的统一指挥，有序地疏散到安全地带。

36.如果因电器引起火灾，在许可的情况下，首先应怎样做?

答：关闭电源开关，切断电源；用细土、沙土、干粉灭火器或二氧化碳灭火器进行灭火。

37.保安员在巡逻时防火检查的内容有哪些?

答：1.用火用电有无违章；2.疏散通道、安全出口是否畅通；3.防火卷帘下方是否堆放物品，防火门是否处于关闭状态；4.消火栓、灭火器及消防疏散指示标识是否完好；5.有无遗留火种、有无吸烟现象。

38.防火工作的"六不准"的内容是什么？

答：在严禁吸烟的地方，不准吸烟；生产、生活用火要有专人看管，用火不准超量；打更、值宿人员要尽职尽责，不准擅离职守；安装使用电气设备，不准违反规定；教育小孩不准玩火；各种消防设备和灭火工具不准损坏和挪用。

39.电焊引起的火灾有几种情况？

答：飞散的火花、熔融金属和熔渣的颗粒，燃着焊接处附近的易燃物及可燃气体引起火灾；电焊机的软线长期拖拉，使绝缘破坏发生短路而起火，或电焊回线乱搭乱放，造成火灾；电焊机本身或电源线绝缘损坏短路发热造成火灾。

40.单位火灾应急疏散预案编制包括哪些内容？

答：（1）预案编制目的、依据、适用范围及工作原则；（2）单位火灾风险分析；（3）火灾应急处置组织及职责；（3）确定灭火行动组、疏散引导组、通讯联络组等各小组人员及分工，做好初起火灾应急处置；（4）确定医疗救护组、现场警戒组、后勤保障组等各小组人员及分工，火灾危险性大的单位应成立技术专家组；（5）信息公开和后期处置；（6）预案培训、演练、修订等管理要求。

41.社会单位在什么情况下，应该对火灾应急疏散预案进行修订？

答：社会单位应根据生产经营变化、人员变动、培训演练和发生火灾暴露出的问题等，由消防安全责任人组织相关部门和人员每年对火灾应急疏散预案进行修订和完善。

42.单位的安全出口、疏散通道管理有哪些规定？

答：单位营业期间应当保障疏散通道、安全出口畅通，不得将消防安全疏散标志遮挡、覆盖。严禁占用疏散通道或在疏散通道、防火间距内搭设货棚、货架、构筑物、摆摊设点等影响消防安全疏散的行为。

43.社会单位消防安全培训的要求和内容有哪些？

答：要求：（1）应至少每半年组织一次对全体员工的集中消防培训；（2）应对新上岗员工或有关从业人员进行上岗前的消防培训。

内容：（1）有关消防法律法规、消防安全管理制度、保证消防安全的操作规程等；（2）建筑消防设施、灭火器材的性能、使用方法和操作规程；（3）报火警、扑救初起火灾、应急疏散和自救逃生的知识、技能。

44. 什么是第一、第二灭火应急力量？

答：第一灭火力量：失火现场人员在第一时间内形成的灭火救援力量。

第二灭火力量：火灾确认后单位按照灭火和应急疏散预案组织员工形成的灭火救援力量。

45. 社会单位防火检查"六查、六结合"工作法是什么？

答："六查"：单位组织每月查、所属部门每周查、班组每天查、专职消防员巡回查、部门之间互抽查、节日期间重点查。"六结合"：检查与宣传相结合、检查与整改相结合、检查与复查相结合、检查与记录相结合、检查与考核相结合、检查与奖惩相结合。

46. 单位应建立哪些消防安全制度？

答：主要包括以下内容：消防安全教育、培训；防火巡查、检查；安全疏散设施管理；消防（控制室）值班；消防设施、器材维护管理；火灾隐患整改；用火、用电安全管理；易燃易爆危险物品和场所防火防爆；专职和义务消防队的组织管理；灭火和应急疏散预案演练；燃气和电气设备的检查和管理（包括防雷、防静电）；消防安全工作考评和奖惩；其他必要的消防安全内容。

47. 单位对存在的火灾隐患应如何进行整改消除？

答：（1）单位应建立火灾隐患判定整改制度，发现火灾隐患应立即改正，不能立即改正的，应逐级报告。（2）消防安全责任人或消防安全管理人应组织对报告的火灾隐患进行认定，明确责任部门、责任人、整改措施和所需经费，并对整改完毕的进行确认。（3）在火灾隐患未消除之前，单位应落实防范措施，保障消防安全。不能确保消防安全，随时可能引发火灾或者一旦发生火灾将严重危及人身安全的，应将危险部位停产停业整改。（4）对消防部门责令改正的火灾隐患和重大火灾隐患，应在规定的期限内改正，并将火灾隐患整改复函送消防部门。（5）对于涉及城市规划布局而不能自身解决的重大火灾隐患，以及确无能力解决的重大火灾隐患，单位应提出解决方案并及时向其上级主管部门或者当地人民政府报告。

48. 单位组织防火巡查的主要内容包括哪些？

答：应定时开展防火巡查，公众聚集场所在营业时间内巡查每2小时不少于一次，夜间巡查（非夜间营业场所）每晚不少于2次；包括：火源、危险品管理情况；用电有无违章情况；安全出口、疏散通道、消防车通道是否畅通，安全疏散指示标志、应急照明是否完好；消防设施、器材和消防安全标志是否在位、完整；防火分隔设施情况；消防安全重点部位的人员在岗情况以及其他需要巡查的消防安全情况。

49.单位如何确定重点部位以及管理要求是什么？

答：单位应将容易发生火灾、一旦发生火灾可能严重危及人身和财产安全以及对消防安全有重大影响的部位确定为消防安全重点部位，确定专人负责。重点部位应加强巡查，重点要求警示标志齐全，管理措施落实，岗位责任人员严格履行消防工作职责，消防器材、设施齐全好用。

50.建筑消防设施维护保养的具体要求有哪些？

答：单位应履行建筑消防设施维护管理职责，建立建筑消防设施值班、巡查、检测、维修、保养、建档等制度，确保管理区域内的建筑消防设施正常运行。应与具备相应消防技术服务机构资质的单位签订消防设施维修、保养合同。维护管理单位自身有维修、保养能力的，应明确维修、保养职能部门和人员。应填写"建筑消防设施检测记录表"，并出具《检测报告》。

51.单位的消防安全"明白人"应熟知哪些内容？

答：单位的消防安全责任人、消防安全管理人应是消防安全明白人，应熟知以下内容：（1）消防法律法规和消防安全职责；（2）本单位火灾危险性和防火措施；（3）灭火和应急疏散预案；（4）依法应承担的消防安全行政和刑事责任。

52.单位消防安全责任制的主要内容包括哪些？

答：消防安全责任制是单位消防安全管理制度中最根本的制度，明确逐级和岗位消防安全职责，确定各级、各岗位的消防安全责任人，层层签订责任书，层层落实消防安全责任。主要内容包括：（1）规定消防安全领导小组领导机构及其责任人的消防安全职责；（2）规定消防安全归口管理部门和消防安全管理人的消防安全职责；（3）规定单位下属部门和岗位消防安全责任人以及安全员的职责；（4）规定单位义务消防队和专职消防队的领导和成员的职责；（5）规定全体职工在各自工作岗位上的消防安全职责。

53.消防安全"四懂四会"指什么？

答："四懂"是指懂火灾的危险性、懂预防火灾的措施、懂扑救火灾的方法、懂逃生的方法。"四会"是指会报警、会使用灭火器、会扑救初起火灾、会组织疏散逃生。

54.最常见的四种灭火方法是什么？

答：抑制法；窒息法；冷却法；隔离法。

55.防火重点部位要做到哪"四有"？

答：（1）有防火负责人；（2）有防火安全制度；（3）有义务消防组织；（4）有消防器材、消防设施。

56.如何防范电气火灾事故？

答：规范电气线路的施工安装；加大电气线路的检测力度；加强用电安全宣传；安装电气火灾监控系统。

57.简述微型消防站的建设标准。

答：微型消防站站内总人数不应少于6人，设队长1名，由消防安全管理人兼任；每班（组）应由不少于6名消防巡查员组成，并设班（组）长1名、通信员1名、安全员1名。站内配备灭火器、防护装备、破拆工具。

58.高层建筑的管道井为什么要封堵？

答：防止烟气和火势顺管道电缆井从建筑内部快速蔓延，形成烟囱效应。

59.消防安全重点单位应当履行哪些不同于一般单位的消防安全职责？

答：（1）确定消防安全管理人，组织实施本单位的消防安全管理工作；（2）建立消防档案，确定消防安全重点部位，设置防火标志，实行严格管理；（3）实行每日防火巡查，并建立巡查记录；（4）对职工进行岗前消防安全培训，定期组织消防安全培训和消防演练。

60.建筑火灾的发展有哪几个阶段？

答：火灾初起阶段；火灾成长发展阶段；火灾猛烈阶段；火灾衰减阶段。

61.我国消防工作贯彻的方针是什么？

答：预防为主，防消结合。

62.请简述防止火灾的基本方法和手段。

答：有效管理好可燃物，控制火源，避免火焰、可燃物、助燃物三者间的相互作用。

63.报完火警后应该怎么办？

答：派人到单位门口、街道交叉路口等候消防车，并带领消防车迅速赶到火场。

64.火场逃生有哪些方法？

答：一般来说，火场逃生的方法主要有：（1）利用登高消防车，挂钩梯两节梯连用逃生；（2）利用建筑物通道或建筑物内设施逃生；（3）自制器材逃生；（4）寻找避难处逃生；（5）互救逃生；（6）利用身边消防器材或其他器材边灭火边逃生。

65.实行承包、租赁或者委托经营、管理时，产权单位、当事人分别有哪些职责？

答：实行承包、租赁或者委托经营、管理时，产权单位应当提供符合消防安全要求的建筑物，当事人在订立的合同中依照有关规定明确各方的消防安全责任；消防车通道、涉及公共消防安全的疏散设施和其他建筑消防设施应当由产权单位或者委托管理的单位统一管理。

66.对于有两个以上产权单位和使用单位的建筑物，各产权单位、使用单位应如何划分消防安全管理职责？

答：对于有两个以上产权单位和使用单位的建筑物，各产权单位、使用单位对消防车通道、涉及公共消防安全的疏散设施和其他建筑消防设施应当明确管理责任，可以委托统一管理。

67.居民住宅区的物业管理单位，应当履行哪些消防安全职责？

答：（一）制定消防安全制度，落实消防安全责任，开展消防安全宣传教育；

（二）开展防火检查，消除火灾隐患；

（三）保障疏散通道、安全出口、消防车通道畅通；

（四）保障公共消防设施、器材以及消防安全标志完好有效。

其他物业管理单位应当对受委托管理范围内的公共消防安全管理工作负责。

68.具有火灾危险的大型活动，消防安全职责应如何划分？

答：举办集会、焰火晚会、灯会等具有火灾危险的大型活动的主办单位、承办单位以及提供场地的单位，应当在订立的合同中明确各方的消防安全责任。

69.建筑工程施工现场的消防安全如何划分？

答：建筑工程施工现场的消防安全由施工单位负责。实行施工总承包的，由总承包单位负责。分包单位向总承包单位负责，服从总承包单位对施工现场的消防安全管理。对建筑物进行局部改建、扩建和装修的工程，建设单位应当与施工单位在订立的合同中明确各方对施工现场的消防安全责任。

70.每日防火巡查的频次是如何规定的？

答：公众聚集场所在营业期间的防火巡查应当至少每两小时一次；营业结束时应当对营业现场进行检查，消除遗留火种。医院、养老院、寄宿制的学校、托儿所、幼儿园应当加强夜间防火巡查，其他消防安全重点单位可以结合实际组织夜间防火巡查。

71.消防安全重点单位开展消防安全培训，宣传教育和培训内容有哪些？

答：（一）有关消防法规、消防安全制度和保障消防安全的操作规程；

（二）本单位、本岗位的火灾危险性和防火措施；

（三）有关消防设施的性能、灭火器材的使用方法；

（四）报火警、扑救初起火灾以及自救逃生的知识和技能。

72.哪些人员应当接受消防安全专门培训？

答：（一）单位的消防安全责任人、消防安全管理人；

（二）专、兼职消防管理人员；

（三）消防控制室的值班、操作人员；

（四）其他依照规定应当接受消防安全专门培训的人员。

前款规定中的第（三）项人员应当持证上岗。

73.消防安全重点单位制定的灭火和应急疏散预案应当包括哪些内容？

答：（一）组织机构，包括：灭火行动组、通讯联络组、疏散引导组、安全防护救护组；

（二）报警和接警处置程序；

（三）应急疏散的组织程序和措施；

（四）扑救初起火灾的程序和措施；

（五）通讯联络、安全防护救护的程序和措施。

74.根据《中华人民共和国消防法》，机关团体企业事业单位的消防安全职责有哪些？

答：（一）落实消防安全责任制，制定本单位的消防安全制度、消防安全操作规程、制定灭火和应急疏散预案；

（二）按照国家标准、行业标准配置消防设施、器材，设置消防安全标志，并定期组织检验、维修，确保完好有效；

（三）对建筑消防设施每年至少进行一次全面检测，确保完好有效，检测记录应当完整准确，存档备查；

（四）保障疏散通道、安全出口、消防车道畅通，保证防火防烟分区、防火间距符合消防技术标准；

（五）组织防火检查，及时消除火灾隐患；

（六）组织进行有针对性的消防演练；

（七）法律、法规规定的其他消防安全职责。单位的主要负责人是本单位的消防安全责任人。

75. 根据《中华人民共和国消防法》，消防安全重点单位应当履行哪些职责？

答：根据《中华人民共和国消防法》第十六条、第十七条规定，消防安全重点单位应履行下列消防安全职责：

（一）制定消防安全制度、消防安全操作规程；

（二）实行防火安全责任制、确定本单位和所属各部门、岗位的消防安全责任人；

（三）针对本单位的特点对职工进行消防宣传教育；

（四）组织防火检查，及时消除火灾隐患；

（五）按照国家有关规定配置消防设施和器材、设置消防安全标志，并定期组织检验、维修，确保消防器材设施和器材完好、有效；

（六）保障疏散通道、安全出口畅通，并设置符合国家规定的消防安全疏散标志；

（七）建立防火档案，确定消防安全重点部位，设置防火标志，实行严格管理；

（八）实行每日防火检查，并建立巡查记录；

（九）对职工进行消防安全培训；

（十）制定灭火应急疏散预案，定期组织消防演练。

76. 根据《中华人民共和国消防法》，哪些单位应当建立单位专职消防队？

答：根据《中华人民共和国消防法》第三十九条规定，下列单位应当建立单位专职消防队，承担本单位的火灾扑救工作：

（一）大型核设施单位、大型发电厂、民用机场、主要港口；

（二）生产、储存易燃易爆危险品的大型企业；

（三）储备可燃的重要物资的大型仓库、基地；

（四）第一项、第二项、第三项规定以外的火灾危险性较大、距离消防队较远的其他大型企业；

（五）距离消防队较远、被列为全国重点文物保护单位的古建筑群的管理单位。

77. 哪些违反消防安全规定的行为，单位应当责成有关人员当场改正并督促落实？

答：（一）违章进入生产、储存易燃易爆危险物品场所的；

（二）违章使用明火作业或者在具有火灾、爆炸危险的场所吸烟、使用明火等违反禁令的；

（三）将安全出口上锁、遮挡，或者占用、堆放物品影响疏散通道畅通的；

（四）消火栓、灭火器材被遮挡影响使用或者被挪作他用的；

（五）常闭式防火门处于开启状态，防火卷帘下堆放物品影响使用的；

（六）消防设施管理、值班人员和防火巡查人员脱岗的；

（七）违章关闭消防设施、切断消防电源的；

（八）其他可以当场改正的行为。

78. 单位消防安全培训的内容有哪些？

答：（一）有关消防法规、消防安全制度和保障消防安全的操作规程；

（二）本单位、本岗位的火灾危险性和防火措施；

（三）有关消防设施的性能、灭火器材的使用方法；

（四）报火警、扑救初起火灾以及自救逃生的知识和技能。

79. 单位制定的灭火和应急疏散预案应当包括哪些内容？

答：（一）组织机构，包括：灭火行动组、通讯联络组、疏散引导组、安全防护救护组；

（二）报警和接警处置程序；

（三）应急疏散的组织程序和措施；

（四）扑救初起火灾的程序和措施；

（五）通讯联络、安全防护救护的程序和措施。

80. 微型消防站"三知、四会、一联通"内容是什么？

答：三知：微型消防站队员要知道单位内部消防设施位置、知道疏散通道和出口、知道建筑布局和功能。四会：会组织疏散人员、会扑救初起火灾、会穿戴防护装备、会操作消防器材。一联通：消防队与微型消防站、微型消防站与队员保持通信联络畅通。

81. 消防安全"三提示"内容是什么？

答：提示一：您已进入公共聚集场所，这里聚集人员较多，请注意消防安全。

提示二：请留意逃生路线，安全出口的具体位置，如遇火灾，请您按疏散指示标志和消防应急广播，以及现场工作人员的引导正确、快速、有序地疏散，自救。

提示三：请留意消防设施器材，逃生设备放置和使用方法，如遇火灾请正确使用，确保安全。

82.单位的安全出口、疏散通道管理有哪些规定？

答：单位营业期间应当保障疏散通道、安全出口畅通，不得将消防安全疏散标志遮挡、覆盖。严禁占用疏散通道或在疏散通道、防火间距内搭设货棚、货架、构筑物、摆摊设点等影响消防安全疏散的行为。

83.发生火灾后应急程序是什么？

答：火灾确认后，使用消火栓等消防器材、设施扑救初起火灾，同时向消防机构报火警，当班人员按照灭火预案中的相应职责，组织和引导人员疏散，营救被困人员，并派专人接应消防车辆到达火灾现场。

84.当发生火灾时，能否乘坐电梯逃生？为什么？

答：不能。火灾时，楼内电气线路易被烧毁或断电，电源无保障，电梯便会停在楼层中间，一方面，不利于电梯内的人员逃生；另一方面，也有碍于外面的抢险人员营救，极易酿成人员伤亡事故。火灾时，电梯竖井产生烟囱效应，空气加速对流，助长了烟火的扩散与蔓延，同时，电梯轿厢不是密封的，火场烟气容易笼罩整个电梯轿厢，有被浓烟熏呛窒息的危险。

火灾时，电梯遇到高温烘烤，轿厢容易失控甚至变形卡死，有的还有漏电危险，容易造成人员伤亡。

火灾时，手机信号容易被屏蔽，不利于消防员发现和营救被困人员。

综合以上，乘坐电梯就会有困在电梯里的危险。

85.消防工作贯彻预防为主、防消结合的方针，实行消防安全责任制，建立健全社会化的消防工作网络。消防工作的工作原则是什么？

答：消防工作按照政府统一领导、部门依法监管、单位全面负责、公民积极参与的原则。

86.机关、团体、企业、事业等单位应落实的消防安全责任制的基本原则是什么？

答：应坚持安全自查、隐患自除、责任自负。

87.设有自动消防设施的建筑应多久进行一次全面检测?

答:每年至少进行一次。

88.如何检查干粉灭火器是否合格?

答:首先检查外观是否破损、有没有出厂日期、是否在有效期内、压力表的指针是否在绿色区域。

89.干粉灭火器自出厂日期算起,达到多少年限应报废?

答:10年。

90.火灾自动报警系统的作用是什么?

答:发生火灾时,火灾自动报警系统能够及时探测火灾,发出火灾报警,启动自动防排烟设施、应急照明和火灾应急广播等疏散设施,引导人员疏散。

91.什么是安全出口?

答:供人员安全疏散用的楼梯间、室外楼梯的出入口或直通室外安全区域的出口。

92.发生火灾疏散救人时可利用的疏散途径有哪些?

答:可充分利用建筑内的安全门、安全出口、疏散通道、自然楼梯、消防电梯、逃生滑梯、避难层等引导疏散被困人。

93.什么是封闭楼梯间?

答:用耐火建筑构件分隔,能防止烟和热气进入的楼梯间。

94.《中华人民共和国消防法》规定,发生火灾时,社会单位和公民的相关义务有哪些?

答:报告火警;组织疏散;自救与支援。

95.消防控制室值班员有哪些职责?

答:(1)熟悉和掌握消防控制室设备的功能及操作规程,按照规定测试自动消防设施的功能,保障消防控制室设备的正常运行。(2)对火警信号应立即确认,火灾确认后应立即报火警并向消防主管人员报告,随即启动灭火和应急疏散预案。(3)对故障报警信号应及时确认,消防设施故障应及时排除,不能排除的应立即向部门主管人员或消防安全管理人报告。(4)不间断值守岗位,做好消防控制室的火警、故障和值班记录。

96.如何规范单位日常用火用电?

答:(1)采购电气、电热设备,应选用合格产品,并应符合有关安全标准的要求;(2)电气线路敷设、电气设备安装和维修应由具备职业资格的电工操作;

（3）不得随意乱接电线，擅自增加用电设备；（4）电器设备周围应与可燃物保持0.5米以上的间距；（5）对电气线路、设备应定期检查、检测，严禁长时间超负荷运行；（6）营业结束时，应切断营业场所的非必要电源。

97.如何规范使用明火？

答：（1）需要动火施工的区域与使用、营业区之间应进行防火分隔；（2）电气焊等明火作业前，实施动火的部门和人员应按照制度规定办理动火审批手续，清除易燃可燃物，配置灭火器材，落实现场监护人和安全措施，在确认无火灾、爆炸危险后方可动火施工；（3）不应使用明火照明或取暖，遇特殊情况需要时应有专人看护；（4）厨房燃油、燃气管道应经常检查、检测和保养，厨房的烟道应至少每季度清洗一次。

98.消防设施应如何管理？

答：（1）消防应急照明、安全疏散指示标志应完好、有效，发生损坏时应及时维修、更换；（2）室内消火栓箱不应上锁，箱内设备应齐全、完好；（3）室外消火栓不应埋压、圈占；（4）应确保消防设施和消防电源始终处于正常运行状态，需要维修时，应采取相应的措施，维修完成后，应立即恢复到正常运行状态；（5）按照消防设施管理制度和相关标准定期检查、检测消防设施，并做好记录，存档备查；（6）自动消防设施应按照有关规定，每年委托具有相关资质的单位进行全面检查测试，并出具检测报告，送当地消防机构备案。

99.安全疏散设施应如何管理？

答：（1）确保疏散通道、安全出口的畅通，禁止占用、堵塞疏散通道和楼梯间；（2）场所在使用和营业期间疏散出口、安全出口的门不应锁闭；（3）消防安全标志应完好、清晰，不应遮挡；（4）安全出口、公共疏散走道上不应安装栅栏、卷帘门；（5）窗口、阳台等部位不应设置影响逃生和灭火救援的栅栏

100.建筑内的安全疏散设施包括哪些？

答：（1）疏散楼梯和楼梯间；（2）疏散走道；（3）安全出口；（4）应急照明和疏散指示标志；（5）应急广播与辅助救生设施；（6）超高层建筑设置的避难层和直升机停机坪.

101.室内消火栓外观检查包括哪些内容？

答：（1）消火栓箱应有明显的标志；（2）箱门开关应灵活，开度符合要求；（3）消火栓箱组件齐全完好；（4）箱门不应被装饰物遮掩；（5）启泵按钮应牢固，有透明罩保护。

102. 火灾扑救的指导思想和原则有哪些？

答：（1）救人第一，科学施救；（2）先控制，后消灭，集中兵力，准确迅速；攻防并举，固移结合。

103. 提高单位消防安全组织人员疏散逃生能力的主要任务有哪些？

答：（1）员工普遍掌握火场逃生自救的基本技能；（2）熟悉逃生路线；（3）熟悉引导人员疏散程序；（4）单位要明确疏散引导人员。

104. 单位内部需要进行电、气焊等明火作业的，应注意哪些问题？

答：单位应当对动用明火实行严格的消防安全管理。禁止在具有火灾、爆炸危险的场所使用明火；因特殊情况需要进行电、气焊等明火作业的，动火部门和人员应当按照单位的用火管理制度办理审批手续，落实现场监护人，在确认无火灾、爆炸危险后方可动火施工。动火施工人员应当遵守消防安全规定，并落实相应的消防安全措施。营业场所内因特殊情况需要进行电、气焊等明火作业的，动火部门和人员应当办理审批手续，安排在非营业期，禁止在营业时间进行作业。

105. 人员密集场所发生火灾，该场所的现场工作人员不履行组织、引导在场人员疏散的义务，情节严重，尚不构成犯罪的，应给予什么处罚？

答：处5日以上10日以下拘留。

106. 对个人有占用、堵塞、封闭疏散通道、安全出口或者有其他妨碍安全疏散行为的，应给予什么处罚？

答：根据《中华人民共和国消防法》第60条第2款规定，处警告或者500元以下罚款。

107. 对个人有损坏、挪用或者擅自拆除、停用消防设施、材行为的应给予什么处罚？

答：根据《中华人民共和国消防法》第60条第2款规定，处警告或者500元以下罚款。

108. 对违反规定使用明火作业或者在具有火灾、爆炸危险的场所吸烟、使用明火的行为，应给予什么处罚？

答：依照《中华人民共和国消防法》第63条规定，处警告或者500元以下罚款；情节严重的，处5日以下拘留。

109. 家庭消防安全"三清三关"，具体指的都是什么？

答：对于居民住宅，"三清三关"的防火重要性更是尤为突出。特别是在高层建筑中,人员密集,疏散难度大,一旦发生火灾,火势蔓延迅速。如果没有做好"三清三关",比如阳台堆满杂物,火灾很容易通过阳台向上层蔓延;楼道被堵塞,会严重阻碍人员逃生和消防救援。

三清:(1)清厨房。要定期清理厨房里的油污,用火时要让可燃物远离火源。(2)清阳台。要清理阳台上堆放的物品,特别是纸箱、塑料等易燃物。(3)清楼道。要清理楼道中的各种杂物,让生命通道畅通无阻,为安全逃生赢得宝贵时间。

三关:(1)关燃气。厨房用火别离人,如果长时间离开,一定要关闭燃气灶开关。(2)关电源。电器使用完毕,请关闭开关并拔下插头,长时间离家最好关闭电源总闸。(3)关门窗。外出时请关好门窗,尽可能防范外来火源飞入家中,引起火灾。

每日"三清三关",及时消除家中的火灾隐患,避免火灾事故。

110. 被困人员在火灾中紧急疏散自救逃生时,注意要点有哪些?

答:一、熟悉环境,记清方位,明确路线,迅速撤离;

二、通道不堵,出口不封,门不上锁,确保畅通;

三、听从指挥,不拥不挤,相互照应,有序撤离;

四、发生意外,呼唤他人,不拖时间,不贪财物;

五、自我防护,低姿匍匐,湿巾捂鼻,防止毒气;

六、直奔通道,顺序疏散,不入电梯,以防被关;

七、保持镇静,就地取材,自制绳索,安全逃生;

八、烟火封道,关紧门窗,湿布塞缝,防烟侵入;

九、火已烧身,切勿惊跑,就地打滚,压灭火苗;

十、无法自逃,向外报警,等待救援,脱离困境。

参考文献

1. 诸德志编：《火灾预防与火场逃生》，东南大学出版社2013年版。

2. 戴明月主编：《消防安全管理手册》（第二版），化学工业出版社2020年版。

3. 高国宇、姚燕主编：《紧急避险救命一本通——天灾人祸中生存下来的N个窍门》，化学工业出版社2011年版。

4. 陈欣编著：《现代家庭日常生活安全隐患的防范与处理手册》，中国言实出版社2012年版。

5. 张慧、李星颉编：《消防安全管理与监督检查》，吉林科学技术出版社2022年版。